高等院校计算机课程设计指导丛书

操作系统
课程设计

朱敏 杨啸 左劼 主编

庞潇 张铭洋 张馨艺 王心翌 陈富秋 参编

U0155148

第2版

机械工业出版社

China Machine Press

图书在版编目（CIP）数据

操作系统课程设计 / 朱敏，杨啸，左劼主编 . --2 版 . -- 北京：机械工业出版社，2022.1
（高等院校计算机课程设计指导丛书）
ISBN 978-7-111-69572-1

I. ①操… Ⅱ. ①朱… ②杨… ③左… Ⅲ. ①操作系统 - 课程设计 - 高等学校 - 教学参考资料　Ⅳ. ① TP316

中国版本图书馆 CIP 数据核字（2021）第 231605 号

本书旨在通过实践加深学生对操作系统理论和操作系统核心内容及经典算法的理解。考虑到教学对象的差异性和教学计划的多样性，本书从深度和广度上分层次地安排内容。书中先回顾操作系统的重点知识与理论，并对实践项目中需要用到的开发环境、编程语言、调试技术等进行介绍；接下来，选择体现操作系统核心功能的 8 个实验项目进行练习，并提供实验说明、参考代码、实验报告模板等；最后，以开源操作系统 Nachos 为例，通过系统分析源代码使学生理解操作系统的运行方式。

本书既适合作为高校计算机及相关专业操作系统实践课程的教材和参考书，也适合作为对操作系统感兴趣的技术人员和读者的自学读物。

出版发行：机械工业出版社（北京市西城区百万庄大街 22 号　邮政编码：100037）
责任编辑：朱　劼　　　　　　　　　　　　　　　责任校对：殷　虹
印　　刷：大厂回族自治县益利印刷有限公司　　　版　　次：2022 年 1 月第 2 版第 1 次印刷
开　　本：185mm×260mm　1/16　　　　　　　　印　　张：15.25
书　　号：ISBN 978-7-111-69572-1　　　　　　　定　　价：59.00 元

客服电话：(010) 88361066　88379833　68326294　　　投稿热线：(010) 88379604
华章网站：www.hzbook.com　　　　　　　　　　　　读者信箱：hzjsj@hzbook.com

前　言

操作系统是计算机系统的重要组成部分，它能为上层程序及软件提供运行的环境和基础，并负责管理计算机软硬件资源，合理控制计算机的工作流程。操作系统因其重要性已成为计算机及相关专业的核心课程，并被列为考研必考科目。

本书第 1 版自 2015 年出版以来，受到许多读者的喜爱，很多读者也对内容提出了意见和建议，为此我们决定在第 1 版的基础上进行更新。我们根据操作系统领域的发展和课程教学的变化，更新、补充了相关内容，对其他内容进行了修改和完善，主要涉及以下方面：首先，为帮助学生全面掌握操作系统的基本概念和原理，从而有效地完成实践，补充了相关理论知识；其次，采用了当前主流的 C 语言编程软件 Dev C++ 和 VS 2015，同时修改了上一版实验中的部分 API 函数，替换了已被淘汰的 API 函数和软件；最后，根据近年来操作系统实验课程的教学情况，调整了部分实验内容，使实验的难易程度更加合理。

在第 2 版中，我们结合多年操作系统课程的教学经验，充分考虑教学对象的差异性和教学计划的多样性，从实验内容的深度和广度上更有层次、更合理地安排教学内容，从而为教授操作系统课程的教师提供系统化的实践教学参考，为学习该课程的学生提供锻炼自我、自主学习的平台。最终目标是让学生在学习操作系统理论的基础上，通过实践加深对操作系统理论，尤其是对操作系统核心内容及经典算法的理解。

本书特色

- 翔实的基础理论。本书回顾了操作系统课程中的重要知识点，并对实践项目中需要用到的开发环境、编程语言、调试技术等进行了介绍，为学生后续的实践打下坚实的基础。

- 经典的实验范例。我们精心挑选了最能代表操作系统核心功能的 8 个实验，并系统说明实验思路，提供规范的实验模板。同时，以开源操作系统 Nachos 为例，深入浅出地讲解可运行的操作系统的实现方式。

- 系统的实践教学思路。本书结合普通高校学生的操作系统课程学习需求，基于常用的 Windows 系统和 Linux 操作系统，通过一系列实践题目，使学生熟悉操作系统，能够动手安装、设置操作系统，熟悉操作系统的核心功能，直至能独立分析一个开源操作系统，最终透彻理解操作系统的功能和实现机制。

本书结构

本书分为准备知识、核心实验和 Nachos 源码分析三个部分。每个部分的难度逐渐加大，既符合学生的学习习惯，又能满足不同层次学生的需求。具体来说，本书的内容框架如下：

第一部分 准备知识。在这部分中，主要介绍操作系统的核心知识、虚拟机的安装与使用、C 语言的相关知识、shell 编程、文件 I/O、系统进程编程、C 程序调试技术等内容，涵盖理论课程中一般不会介绍但后续实践中需要用到的重要知识及关键技术，让学生熟悉实验所需的编程环境、编程方法和工具等，为后面的实验工作奠定基础。

第二部分 核心实验。这部分结合计算机操作系统的核心理论及算法，选择了 8 个核心实验：Linux 编程、进程控制、系统调用、作业调度、同步与互斥、银行家算法、内存管理和文件系统。每个实验中包括实验目的、实验准备、基本知识及原理、实验说明、实验内容、实验总结、参考代码、实验报告等板块，并针对重点和难点进行引导与提示，激励学生在实践中学习、在思考中进步。

第三部分 Nachos 源码分析。在前两部分学习的基础上，这一部分将通过分析操作系统 Nachos 的源代码，使学生掌握系统调用的实现、同步与互斥机制的实现、线程调度，以及文件系统等操作系统的核心内容。通过分析这个真实系统的源代码，学生可以更加清楚地了解理论知识是如何在实际操作系统中应用的。

读者对象

本书是为高等院校计算机及相关专业的师生编写的，可作为操作系统实践课程的教材或参考书。此外，本书还可供操作系统爱好者自学使用。

本书配套资源

本书为授课教师和读者提供以下资源：

- PPT 课件：包括核心实验部分课件，可用于课堂教学。
- 源代码：包括实验源码和修改后的 Nachos 系统源码。

读者可以登录华章网站（http://www.hzbook.com）下载上述资料。

致谢

本书在编写过程中得到了四川大学计算机学院的多位教师以及机械工业出版社各位编辑的大力支持，在此表示衷心的感谢。

在本书写作过程中，四川大学视觉计算实验室的同学们做了富有成效的工作，感谢封泽希、杨寸月、符敏等人为本书第 1 版写作所做的工作，以及刘璐、李季倬等人为第 2 版编写做出的贡献。赵辉老师在本书的编写方面也提出了许多宝贵意见。在本书即将出版之际，谨向上述老师、同学表示诚挚的谢意。

由于作者学识所限，书中难免有错漏之处，恳请读者及同行批评指正。

作者

2021 年 8 月

目　　录

第一部分

准 备 知 识

本书遵循"准备知识→小型实践→综合实践"的编写思路，实践项目的难度逐步递增。在第一部分中，我们将介绍操作系统课程设计中会用到的前导知识，包括实验环境的介绍与搭建、C 编程和 shell 编程及调试技术等。

第一部分包括 7 章。

第 1 章 操作系统概论：简要介绍操作系统的概念、操作系统的功能以及常见的三种操作系统，旨在让读者对操作系统有一个初步的了解，为后续的相关实验做铺垫。

第 2 章 虚拟机的安装与使用：主要介绍虚拟机的一些基础知识，包括 VMware 概述、实验环境搭建和安装与配置等内容，为后续工作提供基础引导。

第 3 章 C 语言基础：主要介绍将要用到的 C 语言的相关知识，包括 C 语言语法与程序结构、指针以及 C 标准库。

第 4 章 shell 编程：主要从 shell 基本概念、脚本文件的创建、变量、参数、流程控制和 vim 程序编辑器等方面，概括介绍后续实验中将会用到的 shell 编程知识，帮助读者熟悉 shell 编程，为操作系统课程实验做准备。

第 5 章 文件 I/O：从系统调用和标准库两个方面来介绍文件 I/O 操作。首先对系统调用与标准库的概念进行描述，然后介绍标准库中的文件 I/O 函数，包括打开文件、读文件、写文件等。

第 6 章 系统进程编程基础：讨论不同平台下的进程操作函数，通过实例来分析相关函数的功能和特性，并对 Linux 和 Windows 下的进程控制函数进行对比与分析。

第 7 章 C 语言调试技术：以实例分析的形式介绍 Windows 下基于 VS 的调试技术，以及 Linux 下命令行和可视化界面的调试技术。

第 1 章
操作系统概论

本章将简要介绍操作系统的概念、操作系统的功能以及三种常见的操作系统。

1.1 操作系统的概念

操作系统是指用于控制和管理整个计算机系统的硬件与软件资源，合理地组织、调度计算机的工作与资源的分配，进而为用户和其他软件提供方便的接口与环境的程序集合。

计算机系统由四部分组成：硬件、操作系统、应用程序、用户。硬件提供基本的计算资源，包括中央处理器、内存、输入/输出设备等。应用程序是用户可以使用的各种程序设计语言，以及用各种程序设计语言编制的应用程序的集合，如编译器、网络浏览器、社交软件、办公软件等。操作系统协调各用户的应用程序对硬件的分配与使用。

在这四部分中，操作系统作为硬件的管理者，为应用程序的功能提供基础，并充当用户与计算机交互的中介。

1.2 操作系统的功能

操作系统的功能可以从资源管理与接口管理两个角度来归纳。作为计算机资源的管理者，操作系统具有处理器管理、存储器管理、设备管理、文件管理的功能。作为用户与计算机系统硬件间的接口，操作系统还具有用户接口管理的功能。

下面将通过一个例子来说明操作系统的功能。在一个车间中，用户是管理者，操作系统是工人，而计算机硬件与软件对应车间中的机器。工人具有专业技能，能够控制和协调车间机器中各个部件（处理器、存储器、设备、文件）的工作，类似于操作系统对资源的管理功能。工人必须接收管理者的命令，类似于用户接口管理的功能。

1.2.1 处理器管理

进程是程序执行的一次过程。处理器的运行与分配都以进程为单位，对处理器的管理可归结为对进程的管理。处理器管理的子功能包括：进程控制、处理器调度、进程同步、死锁处理。

1. 进程控制

进程控制的主要功能是对系统中的所有进程实施有效的管理，它具有创建新进程、撤销已有进程、实现进程状态转换（进程的五状态模型如图 1-1 所示）等功能。

2. 处理器调度

处理器调度是对处理器进行分配，即从就绪队列中按照一定的准则选择一个进程并给它分配处理器，以实现进程的并发执行、提高工作效率。

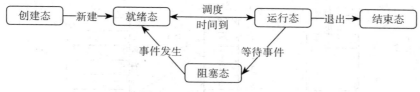

图 1-1　进程的五状态模型

3. 进程同步

进程同步旨在协调多个进程间的相互制约关系。例如计算 1+6/2，执行除法的进程应发生在执行加法的进程前，实现这种先后顺序的机制就是进程同步。

4. 死锁处理

死锁指多个进程因竞争资源而造成的互相等待的现象，如图 1-2 所示，进程 A 持有资源 2，进程 B 持有资源 1，它们同时申请对方已占有的资源，而又对自己持有的资源保持不放，所以这两个进程会因互相等待而进入死锁状态。

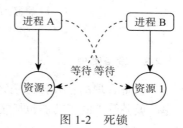

图 1-2　死锁

1.2.2　存储器管理

存储器管理的目标是给程序的运行提供良好的环境，方便用户使用并提高内存利用率。存储器管理的子功能包括：内存分配、内存保护、地址转换和内存扩充。

1. 内存分配

内存分配功能是指通过操作系统完成主存储器空间的分配和管理，使程序员摆脱存储分配的麻烦，提高编程效率。

2. 内存保护

内存保护功能用于保证各道作业在各自的内存空间内运行，彼此互不干扰。操作系统采用重定位寄存器和界地址寄存器来实现内存保护，如图 1-3 所示。

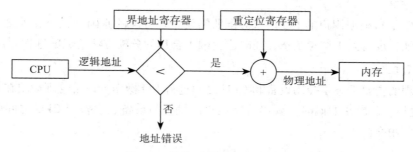

图 1-3　操作系统中的内存保护

3. 地址转换

针对程序中的逻辑地址与内存中的物理地址不一致问题，地址转换功能通过建立一张逻辑地址与物理地址间的映射表（页表），将逻辑地址转换成相应的物理地址，如图 1-4 所示。

4. 内存扩充

内存扩充是指利用虚拟存储技术，从逻辑上扩充内存。所谓虚拟存储，就是内存与外存有机地结合起来而得到的一个容量很大的"内存"。

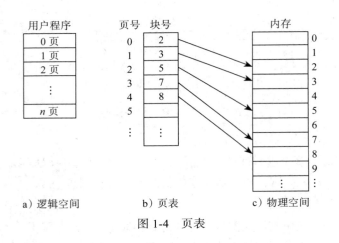

a) 逻辑空间　　　　b) 页表　　　　c) 物理空间

图 1-4　页表

1.2.3　设备管理

设备管理的主要任务是完成用户的 I/O 请求，方便用户使用各种设备并提高设备的利用率。设备管理的子功能包括缓冲管理、设备分配、设备管理和虚拟设备。

1. 缓冲管理

为了缓和 CPU 与 I/O 设备速度不匹配的矛盾，提高它们之间的并行性，在操作系统中用到了缓冲区，如图 1-5 所示。缓冲管理的主要职责是组织好缓冲区，并向进程提供获得和释放缓冲区的手段。

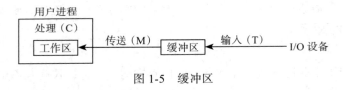

图 1-5　缓冲区

2. 设备分配

设备分配是指根据用户的 I/O 请求分配所需设备。分配的原则是充分发挥设备的使用效率，尽可能地让设备处于忙碌状态，同时避免因不合理的分配方法造成的进程死锁。

3. 设备管理

设备管理的主要任务是控制设备和 CPU 之间进行 I/O 操作。设备管理模块在控制各类设备和 CPU 进行 I/O 操作的同时，要尽可能地提高设备与设备、设备与 CPU 之间的并行操作度以及设备利用率。

4. 虚拟设备

虚拟设备指通过虚拟技术将一台独占设备虚拟成多台逻辑设备，供多个用户进程同时使用。

1.2.4　文件管理

计算机中的信息都以文件的形式存在，操作系统中负责文件管理的部分称为文件系统。文件管理的子功能包括：文件存储空间管理、目录管理、文件读写管理和保护。

1. 文件存储空间管理

文件的存储设备通常划分为若干个大小相等的物理块，以块作为交换信息的基本单位。

文件存储空间管理实质是空闲块的组织和管理问题，包括空闲块的组织、空闲块的分配和空闲块的回收。

2. 目录管理

目录管理主要实现"按名存取"的功能。此外，目录管理通过树形结构解决了文件重名的问题，如图 1-6 所示。

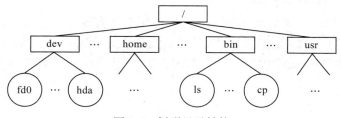

图 1-6　树形目录结构

3. 文件读写管理和保护

文件读写管理和保护功能通过控制用户对文件的存取，解决了对文件的读、写、执行的许可问题，防止因文件共享所导致的文件破坏。

1.2.5　用户接口管理

操作系统为用户提供的接口分为两类：命令接口与程序接口。

1. 命令接口

命令接口是操作系统提供给用户的一类程序，用于接收用户输入命令，解释执行并向用户返回执行结果，便于用户直接或间接地控制自己的作业。

2. 程序接口

程序接口由一组系统调用命令组成，用户通过在程序中使用系统调用命令来请求操作系统为其提供服务，是用户获得操作系统服务的唯一途径。

1.3　常见的操作系统

1.3.1　UNIX 操作系统

UNIX 是 20 世纪 70 年代初出现的一个操作系统，除了作为网络操作系统，还可以作为单机操作系统使用。UNIX 作为一种开发平台和台式操作系统获得了广泛应用，目前主要用于工程应用和科学计算等领域。

1. 发展历史

UNIX 操作系统由肯·汤普森（Ken Thompson）和丹尼斯·里奇（Dennis Ritchie）发明。它的部分技术来源可追溯到从 1965 年开始的 Multics 工程计划，该计划由贝尔实验室、美国麻省理工学院和通用电气公司联合发起，目标是开发一种交互式的、具有多道程序处理能力的分时操作系统，以取代当时广泛使用的批处理操作系统。

由于 Multics 工程计划的目标过于庞大与复杂，开发技术方向不明确，该工程计划最终以失败收场。以肯·汤普森和丹尼斯·里奇为首的贝尔实验室研究人员吸取了 Multics 工程计划失败的教训，于 1969 年在小型计算机上实现了一种以 C 语言为基础的分时操作系统雏形。1970 年，该系统被正式命名为 UNIX。英文中的前缀 Uni 是小的意思，小且巧，这就是 UNIX 开发者的设计初衷。

1970 年之后，UNIX 系统在贝尔实验室内部的程序员之间逐渐流行。1971 ~ 1972 年，肯·汤普森的同事丹尼斯·里奇发明了 C 语言，这是一种适合编写系统软件的高级语言，它的诞生是 UNIX 系统发展史上的一个重要里程碑。

到了 1973 年，UNIX 系统的大部分源代码都用 C 语言进行了重写，这为提高 UNIX 系统的可移植性打下了基础（之前的 UNIX 操作系统多采用汇编语言，对硬件依赖性强），也为提高系统软件的开发效率创造了条件。可以说，UNIX 系统与 C 语言是一对孪生兄弟，具有密不可分的关系。

2. 特点

UNIX 系统在计算机操作系统的发展史上具有重要的地位，其主要特点包括：

1）UNIX 系统具有良好的可移植性。UNIX 系统的绝大部分程序是用 C 语言编写的，只有约 5% 的程序用汇编语言编写。C 语言是一种高级程序设计语言，它使 UNIX 系统易于理解、修改和扩充。

2）UNIX 系统对文件、文件目录和设备进行统一处理。它将文件作为字符流顺序或随机存取，并使文件、文件目录和设备具有相同的语法、语义和保护机制，这样既简化了系统设计，又便于用户使用。

3）UNIX 系统的文件系统采用树形结构。它由基本文件系统和若干个可装卸的子文件系统组成，既能扩大文件存储空间，又有利于安全和保密。

4）UNIX 系统提供了良好的用户界面，具有使用方便、功能齐全、清晰而灵活、易于扩充和修改等特点。

1.3.2 Linux 操作系统

Linux 是一个基于 UNIX 的多用户、多任务、支持多线程和多 CPU 的操作系统。

1. 发展历史

最初，Linux 内核是由李纳斯·托瓦兹（Linus Torvalds）在赫尔辛基大学读书时出于个人爱好而编写的，第 1 版本于 1991 年 9 月发布，当时仅有 10 000 行代码。

李纳斯·托瓦兹没有保留 Linux 源代码的版权，公开了代码，并邀请他人一起完善 Linux。与 Windows 及其他有专利权的操作系统不同，Linux 开放源代码，任何人都可以免费使用它。

2. Linux 与 UNIX

Linux 是一个类似于 UNIX 的操作系统，其初衷是替代 UNIX，并在功能和用户体验上进行了优化。Linux 在外观和交互上与 UNIX 类似。相比于 UNIX，Linux 最大的创新是开源、免费，这也是它能够蓬勃发展的重要原因。

3. 特点

Linux 系统的主要特点包括：

1）免费、开源。Linux 是一款完全免费的操作系统，任何人都可以从网络上下载它的源代码，并可以根据自己的需求进行定制化的开发，而且没有版权限制。

2）模块化程度高。Linux 的内核分为进程管理、内存管理、进程间通信、虚拟文件系统和网络五部分。其采用的模块机制使得用户可以根据实际需要，在内核中插入或移除模块，从而对内核进行剪裁和定制，以方便在不同场景下使用。

3）多用户、多任务。多用户是指系统资源可以同时被不同的用户使用，每个用户对自己的资源有特定的权限，互不影响。多任务是现代计算机的主要特点，指的是计算机能同时运行多个程序，且程序之间彼此独立，Linux 内核负责调度每个进程，使之平等地访问处理器。由于 CPU 处理速度极快，从用户的角度来看所有的进程好像在并行运行。

4）良好的可移植性。Linux 中 95% 以上的代码都是用 C 语言编写的，由于 C 语言是一种与机器无关的高级语言，是可移植的，因此 Linux 系统也是可移植的。

5）安全稳定。Linux 采取了很多安全技术措施，包括读写权限控制、带保护的子系统、审计跟踪、核心授权等，这为网络环境中的用户提供了安全保障。实际上，很多运行 Linux 的服务器可以持续运行数年而无须重启，并可以性能良好地提供服务。Linux 的安全稳定性已经在各个领域得到了广泛的证实。

1.3.3　Windows 操作系统

Windows 操作系统是美国微软公司研发的操作系统，它问世于 1985 年，起初仅仅是 Microsoft-DOS 模拟环境，后续的系统版本在微软不断地更新升级下变得易用，如今已成为应用最广泛的操作系统。

Windows 系统的主要特点表现在以下几方面。

1. 人机操作性优异

操作系统是用户与计算机硬件沟通的平台，没有良好的人机操作性就难以吸引广大用户使用。Windows 操作系统能够成为个人计算机的主流操作系统，其优异的人机操作性是重要因素。Windows 操作系统界面友好，窗口制作优美，操作动作简单，多代系统之间有良好的传承，计算机资源管理效率较高。

2. 支持较多的应用软件

Windows 操作系统由微软公司控制接口和设计，公开标准，因此，有大量商业公司在该操作系统上开发商业软件。Windows 操作系统的大量应用软件为客户提供了方便，这些应用软件门类全、功能完善、用户体验性好。

3. 硬件适应性良好

Windows 操作系统支持多种硬件平台，为硬件生产厂商创造了宽泛、自由的开发环境，也激励了 Windows 操作系统不断完善和改进。同时，硬件技术的提升也为 Windows 操作系统的功能拓展提供了支撑。此外，Windows 操作系统支持多种硬件的热插拔，方便了用户的使用。

1.4　本章小结

本章首先介绍了操作系统的概念；接着介绍了操作系统的功能，包括处理器管理、存储管理、设备管理、文件管理与用户接口管理；最后介绍了常见的操作系统，包括 UNIX 操作系统、Linux 操作系统与 Windows 操作系统。本章旨在帮助读者回顾操作系统的主要概念和知识点，为后续的实践工作做铺垫。

第 2 章
虚拟机的安装与使用

虚拟机是指通过软件模拟实现的具备完整硬件系统功能且运行在完全隔离环境下的完整计算机系统。在虚拟机中可以执行对真实计算机的所有操作（包括安装操作系统以及应用程序和软件、提供对外服务等）。从计算机用户的角度来看，它是物理机上的一个应用程序；对于虚拟机中运行的应用程序而言，它是一台"真正"的计算机。

本章将对虚拟机软件进行简单介绍，并给出虚拟机下 Linux 系统的安装步骤，以搭建后续工作所需的实验环境。此外，还将介绍虚拟机下 Linux 系统与宿主机下 Windows 系统之间文件的相互访问方法。

2.1 虚拟机软件 VMware Workstation 概述

VMware Workstation 是一款功能强大的桌面虚拟机软件，利用该软件不仅可以在一台计算机上同时安装 Windows、DOS、Linux 系统，而且可以同时运行多个系统并相互切换。此外，每个操作系统都可以在不影响真实硬盘数据的情况下进行虚拟分区、配置，通过虚拟网卡还可以将几台虚拟机组成一个局域网。同时，支持虚拟机与主机之间共享文件、应用和网络资源等。

2.2 搭建实践环境

本书中的项目主要在 Windows 和 Linux 环境下完成，我们采用在 Windows 环境下安装虚拟机 VMware，并在 VMware 虚拟机环境下安装 Ubuntu（一款 Linux 操作系统）系统来构建 Linux 实践环境。所需的实践环境搭建清单如表 2-1 所示。

表 2-1　实践环境搭建清单

项　目	要　求
CPU	Intel(R) Core(TM) i5-8250U CPU
内存	8.00 GB
系统	Windows 10
分配的硬盘	12GB（10 GB 以上可用空间）
VMware 版本	VMware Workstation 15.5.5
Ubuntu 版本	Ubuntu 18.04.5
编译环境	在 Windows 下采用 VS 2015
	在 Linux 下采用 GCC 编译器

2.3　在 Windows 下安装 VMware

根据上述实践环境要求，我们需要在 Windows 下安装 VMware Workstation。安装前需做如下准备：下载 VMware Workstation 软件和 Ubuntu 镜像文件。具体的安装步骤如下。

1）双击安装程序图标 进入 VMware Workstation 安装向导界面，如图 2-1 所示。

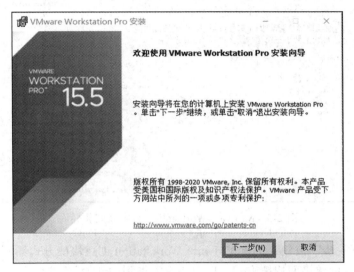

图 2-1　VMware Workstation 安装向导界面

2）单击"下一步"按钮，进入 VMware Workstation 安装授权界面，选择"我接受许可协议中的条款"，如图 2-2 所示。

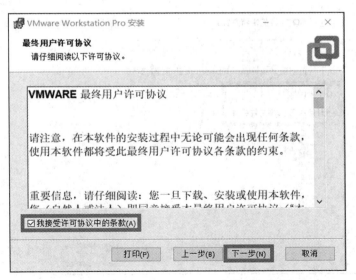

图 2-2　VMware Workstation 安装授权界面

3）单击"下一步"按钮，进入 VMware Workstation 自定义安装界面，单击"更改"按钮，可以设置 VMware Workstation 的安装位置，如图 2-3 所示。

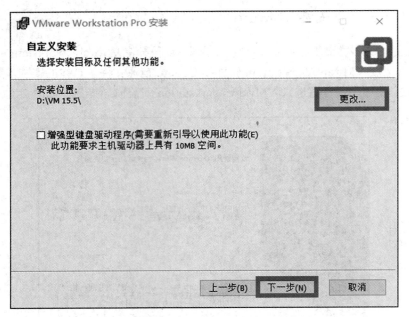

图 2-3 VMware Workstation 自定义安装界面

4）单击"下一步"按钮，进入 VMware Workstation 创建快捷方式界面，用户可以根据个人需要选择是否创建桌面快捷方式，以及是否添加到"开始"菜单（选中前面的复选框即可），如图 2-4 所示。

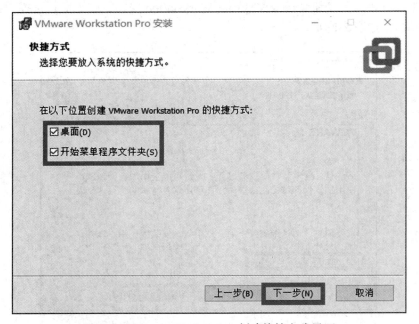

图 2-4 VMware Workstation 创建快捷方式界面

5）单击"下一步"按钮，进入 VMware Workstation 安装准备界面，单击"安装"按钮，开始安装 VMware Workstation，如图 2-5 所示。

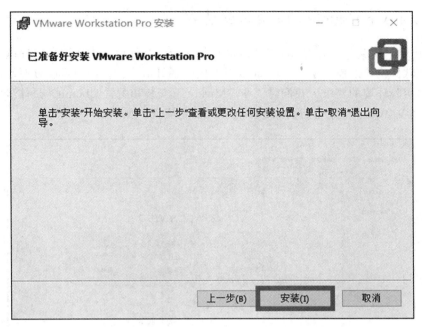

图 2-5　VMware Workstation 安装准备界面

6）安装完成后，进入 VMware Workstation 安装成功界面，如图 2-6 所示。

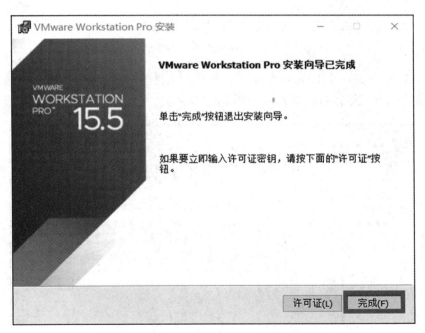

图 2-6　VMware Workstation 安装成功界面

7）单击"完成"按钮，结束 VMware Workstation 的安装。

VMware 安装完成后，还需要在 VMware 下安装 Ubuntu 来完成 Linux 操作系统的搭建。下面将介绍在 VMware 下安装和使用 Ubuntu 18.04 的具体步骤。

2.4 VMware 下 Ubuntu 的安装与配置

Ubuntu 是一款以桌面应用为主的 Linux 操作系统，其目标是为普通用户提供一个稳定且主要由自由软件构建的操作系统。Ubuntu 具有庞大的社区力量，用户可以方便地从社区获得帮助。根据实验环境的要求，我们需要在 VMware 下安装和配置 Ubuntu，具体步骤如下。

1）启动 VMware，进入 VMware Workstation 主界面，如图 2-7 所示。

图 2-7   VMware Workstation 主界面

2）现在需要新建一个 Ubuntu 虚拟机，执行"文件"→"新建虚拟机"命令（如图 2-8 所示），随即进入新建虚拟机向导界面（如图 2-9 所示）。

图 2-8   执行新建虚拟机命令界面

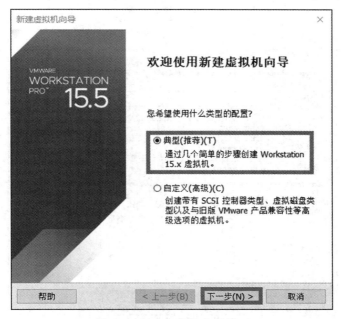

图 2-9　新建虚拟机向导界面

3）在图 2-9 中选择"典型（推荐）"单选按钮，单击"下一步"按钮，进入安装客户机操作系统界面。单击"浏览"按钮，找到 Ubuntu 的安装 ISO 文件的位置，如图 2-10 所示。

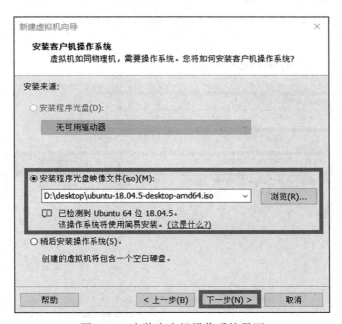

图 2-10　安装客户机操作系统界面

4）单击"下一步"按钮，进入虚拟机安装信息界面，在"全名""用户名""密码""确认"对应的文本框中输入相应的内容，如图 2-11 所示（注意：全名和用户名不能与系统关键字名称冲突，如不能用 admin 或者电脑账户的用户名）。

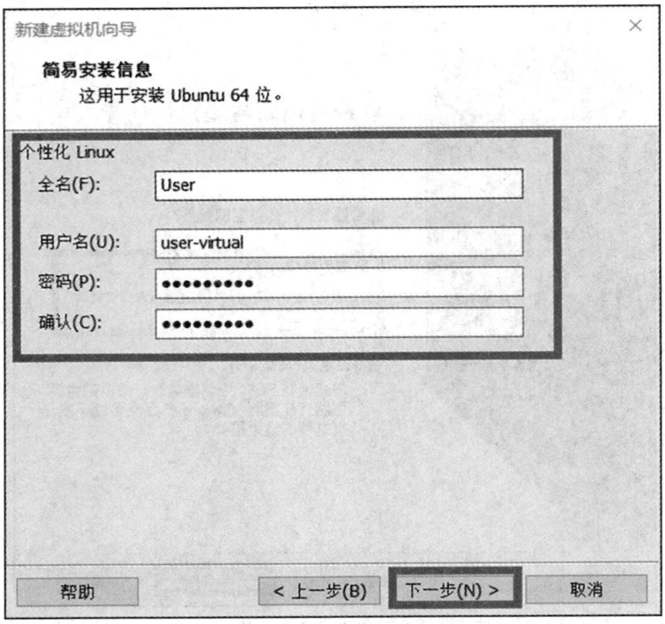

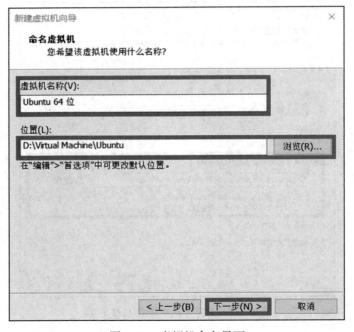

图 2-11　虚拟机安装信息界面

5）单击"下一步"按钮，进入虚拟机命名界面，在"虚拟机名称"文本框中输入虚拟机的名称。单击"浏览"按钮，选择 Ubuntu 的安装路径，如图 2-12 所示。

图 2-12　虚拟机命名界面

6）单击"下一步"，进入 Ubuntu 磁盘配置界面。设置"最大磁盘大小（GB）"，一般设置为 12GB。选择"将虚拟磁盘存储为单个文件"，单击"下一步"，如图 2-13 所示。

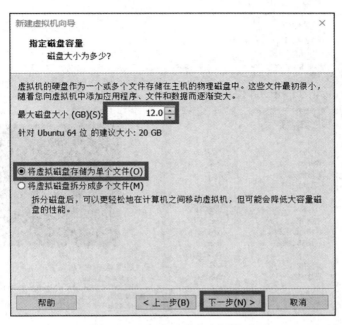

图 2-13　Ubuntu 磁盘配置界面

7）在"已准备好创建虚拟机"界面中单击"完成"按钮，完成虚拟机创建，如图 2-14 所示。

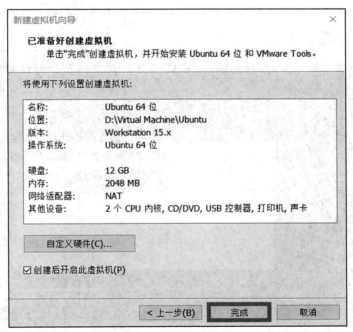

图 2-14　虚拟机创建完成界面

8）虚拟机创建成功后，根据虚拟机名称（Ubuntu 64 位），选择创建好的虚拟机，单击"开启此虚拟机"，启动虚拟机，如图 2-15 所示。

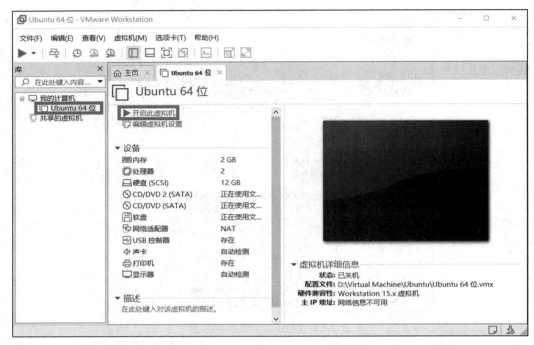

图 2-15　虚拟机启动界面

9）虚拟机启动后，开始安装 Ubuntu 系统，等待安装进度条完成即可，如图 2-16 所示。

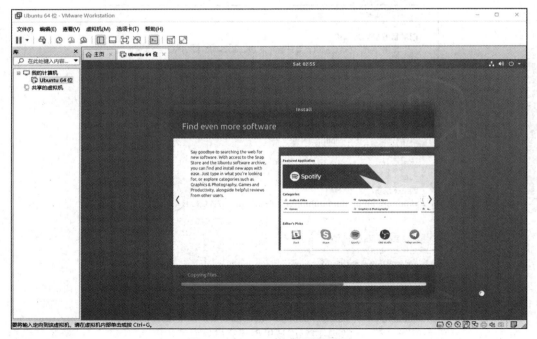

图 2-16　Ubuntu 安装进行界面

10）安装完毕后，重启 Ubuntu 系统，登录界面如图 2-17 所示。

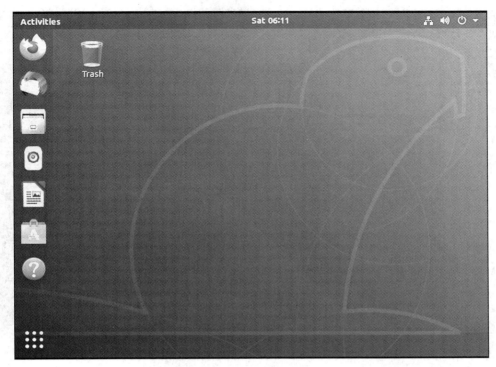

图 2-17 Ubuntu 登录界面

2.5 虚拟机 Linux 与宿主机 Windows 的文件访问

虚拟机 Linux 与宿主机 Windows 之间文件访问的常用方法有安装 VMware Tools 并配置主机共享文件夹、Samba 服务等。

2.5.1 安装 VMware Tools 实现虚拟机与主机文件共享

VMware Tools 是一套可以提高虚拟机和客户机操作系统性能并改善虚拟机管理性能的实用工具。该工具包含一系列服务和模块，可在 VMware 产品中实现多种功能，例如，在虚拟机与主机或客户端之间复制并粘贴文本、图形和文件；实现主机与客户机文件系统之间共享文件夹；改进鼠标性能等。

1. 在虚拟机上安装 VMware Tools

1）启动虚拟机，选择菜单栏上"虚拟机→安装 VMware Tools"，如图 2-18 所示（注意：由于此时系统还未安装 VMware Tools，Ubuntu 系统的界面无法实现全屏，四周会有黑框）。

2）单击 Ubuntu 系统桌面新增的 VMware Tools 镜像图标，进入该文件夹，找到压缩文件 VMware Tools-10.3.21-14772444.tar.gz，如图 2-19 所示（注意：不同版本的 Ubuntu 系统自带的 tar.gz 文件命名可能有所不同）。

3）在 Ubuntu 左侧菜单栏图标中，单击"Files"图标，进入该文件夹。选中"Home"目录，将 VMware Tools-10.3.21-14772444.tar.gz 文件复制到该目录下，如图 2-20 所示。

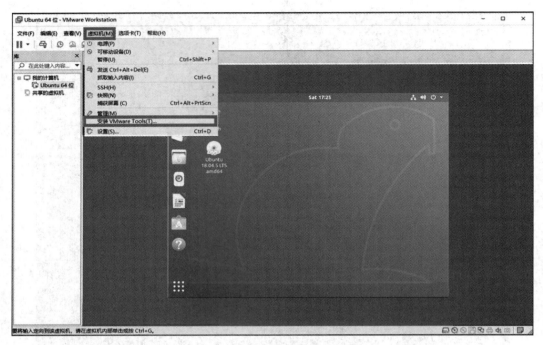

图 2-18 安装 VMware Tools 界面

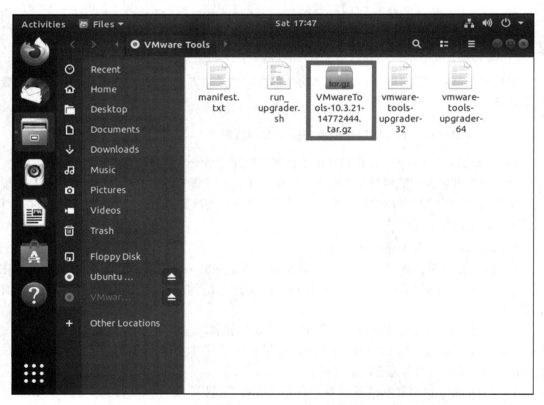

图 2-19 单击 VMware Tools 镜像界面

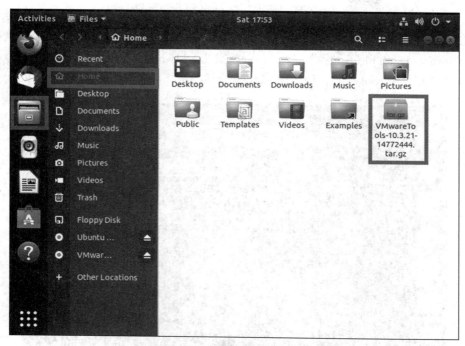

图 2-20　复制压缩文件界面

4）使用快捷键"Ctrl+Alt+T"打开 Ubuntu 系统终端，执行命令"ls"，可以看到当前目录下存在的 VMware Tools-10.3.21-14772444.tar.gz 压缩文件。执行命令" tar -zxvf VMware Tools-10.3.21-14772444.tar.gz"，解压该文件至当前目录，如图 2-21 所示。

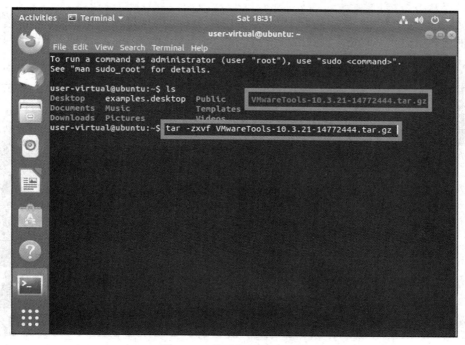

图 2-21　执行解压命令界面

5）执行命令"ls"，查看解压后的文件，并执行"cd vmware-tools-distrib"命令进入解压后的文件夹。执行命令"ls"找到当前目录下的脚本文件 vmware-install.pl。执行命令"sudo ./vmware-install.pl"运行脚本文件，开始安装 VMware Tools，如图 2-22 所示。（注意：运行脚本文件需使用 root 权限，即使用 sudo 命令。）

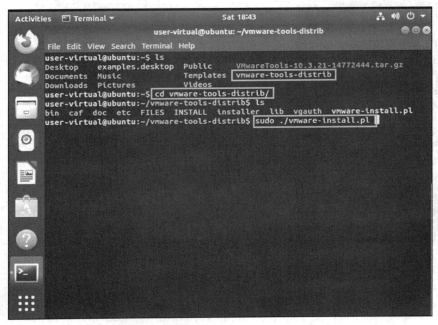

图 2-22 运行 VMware Tools 安装脚本文件界面

6）在 VMware Tools 的安装过程中，会询问安装文件的存放位置等问题，这时按照默认配置，根据提示输入 yes/no，直到出现"Enjoy –the VMware team"，表明 VMware Tools 安装成功。此时 Ubuntu 屏幕分辨率会自适应虚拟机窗口，如图 2-23 所示。

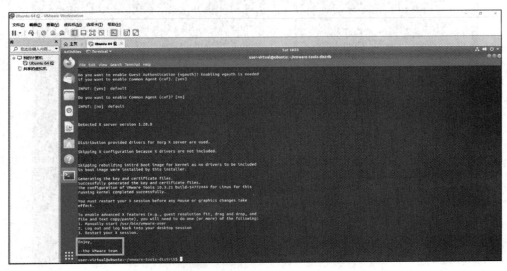

图 2-23 VMware Tools 安装成功界面

7）VMware Tools 安装成功后，虚拟机设置中的"安装 VMware Tools"选项变为"重新安装 VMware Tools"，如图 2-24 所示。重启虚拟机，即可通过拖曳文件的方式实现虚拟机和主机之间的文件共享。

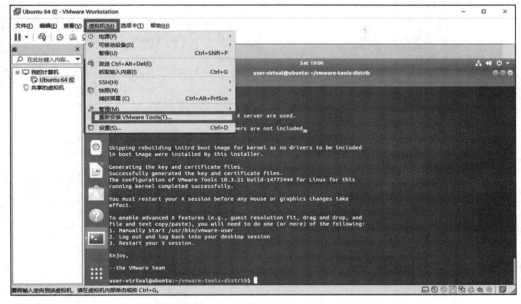

图 2-24 虚拟机设置更改界面

2. 设置共享文件夹

VMware Tools 安装成功后，可以通过设置共享文件夹将 Windows 主机中的文件显示给虚拟机中的程序，以实现 Windows 主机和 Linux 的数据传输及文件访问。设置共享文件夹的步骤如下。

1）在 Windows 目录下新建准备共享的文件夹，例如 D:/Ushare。在 VMware Workstation 菜单栏中执行命令"虚拟机→设置→选项"，单击"共享文件夹"，并选择"总是启用"，如图 2-25 所示。（注意：必须在 VMware Tools 安装成功后才可以开启此功能。）

2）单击"添加"按钮，进入共享文件夹主机设置界面。单击"浏览"按钮，选择 Windows 主机上创建的共享文件夹的路径，并设置共享文件夹的名称，如图 2-26 所示。

3）单击"下一步"，进入共享文件夹属性设置界面，选中"启用此共享"，并单击"完成"，完成共享文件夹设置，如图 2-27 所示。

4）此时，虚拟机设置中会显示共享文件夹的主机路径，单击"确定"，共享目录添加成功，如图 2-28 所示。

5）重启虚拟机，在 Ubuntu 终端执行命令"cd /mnt/hgfs"（共享文件夹默认存放在系统的 /mnt/hgfs 目录下），进入该目录。执行"ls"命令，查看 /mnt/hgfs 目录下的文件，即可找到 Ushare 共享文件目录，通过 cp 等指令即可实现 Windows 到 Linux、Linux 到 Windows 的读写操作，如图 2-29 所示。

图 2-25 虚拟机设置共享文件夹界面

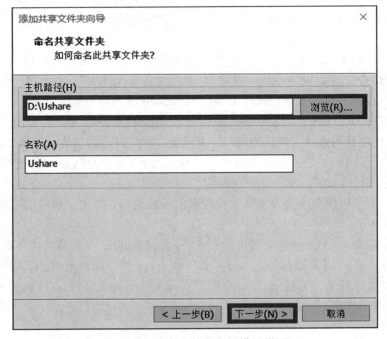

图 2-26 共享文件夹主机设置界面

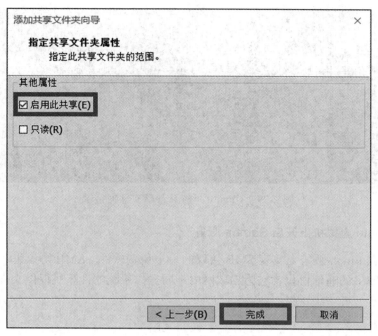

图 2-27　共享文件夹属性设置界面

图 2-28　共享文件夹设置完成界面

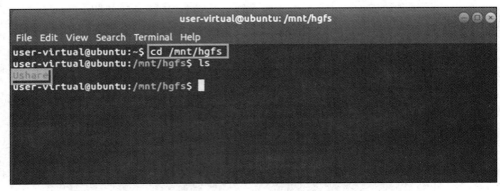

图 2-29   Ubuntu 下查看共享文件夹目录

2.5.2   在 Ubuntu 虚拟机下开启 Samba 服务

Samba 是在 Linux 系统上实现 SMB 协议的一个免费软件。SMB 协议是一种在局域网上共享文件和打印机的通信协议，它为局域网内不同操作系统的计算机提供文件及打印机等资源的共享服务。

1. Samba 的安装

在控制台输入以下命令安装 Samba 服务：

```
sudo apt-get insall samba
```

安装完成后输入以下命令安装 smbfs：

```
sudo apt-get install smbfs
```

2. 创建共享目录

在控制台输入以下命令创建共享目录：

```
mkdir /home/willis/share
```

完成后输入以下命令获取共享权限：

```
sudo chmod 777 /home/willis/share
```

3. 创建 Samba 配置文件

在控制台输入以下命令创建文件 smb.conf.bak：

```
sudo mv/etc/samba/smb.conf /etc/samba/smb.conf.bak
```

4. 创建新的 Samba 配置文件

在控制台输入以下命令创建 samba 服务的配置文件：

```
sudo gedit /etc/samba/smb.conf
```

打开配置文件输入以下内容，保存后关闭：

```
############## smb.conf ######################
[global]
workgroup = MYGROUP              # 创建工作组
security = share                 # 安全模式，我们设置最低安全级别
guest ok = yes                   # 是否允许 guest 用户访问
```

```
path = /home/willis/share        # 共享文件夹路径
browseable = yes                 # 读权限
writeable = yes                  # 写权限
```

5. 测试文件配置结果

在控制台输入以下命令测试文件配置结果：

```
Testparm
```

6. 重启 Samba 服务

在控制台输入以下命令重启 samba 服务：

```
/etc/init.d/samba restart
```

7. 退出重新登录或者重启机器

在控制台输入下面一行代码测试登录：

```
smbclient -L //localhost/share
```

8. 从远程计算机上测试

在另一台计算机的控制台中输入下面代码，以测试登录：

```
smbclient //<samba_server_ip>/share
```

注意：samba_server_ip 即为本机 IP。

2.6　本章小结

本章主要介绍了实践环境相关的知识及其搭建过程，并对虚拟机相关工具的安装和配置进行了说明。本书的实验内容将使用 Linux 和 Windows 两种操作系统，熟悉、掌握不同的系统环境是完成后续实验的基础。本章的重点是掌握在虚拟机下安装 Ubuntu 18.04 的方法，其他版本的 Ubuntu 安装过程与之基本一致。

第 3 章
C 语言基础

本章将对后续工作中用到的 C 语言知识进行介绍，涉及程序框架、数据类型、变量、常量、运算符、函数、结构体、指针操作等内容，从而为完成操作系统相关实验做准备。

3.1 C 语言基本语法回顾

3.1.1 分析一个简单的 C 程序

首先回顾一个简单的 C 程序——在屏幕上输出字符串 "Hello world"，见代码 3-1。

代码　3-1

```
#include <stdio.h>
int main(void)
{
    printf("Hello world\n");
    return 0;
}
```

代码的第 1 行是文件包含预处理命令，表示该源文件使用了 C 标准头文件 stdio.h 中的函数，这里用到了 printf 函数。include 预处理指令不仅可以处理系统头文件和自定义头文件，还可以处理任何编译器能识别的代码文件，如 .c、.hxx、.cxx、.txt、.abc 等。但为了程序的结构性与可读性，程序在编写时一般不会包含后缀 .h 以外的文件。

第 2 行是 main 函数的定义。main 函数也称为主函数，是程序执行的入口。参数为空表示程序不关心传入的命令行参数。该示例程序只包含一个输出语句，用于向屏幕输出以回车符结尾的 "Hello world"。

代码最后使用 return 关键字返回，表示程序正常执行完成，并将返回值 0 传递给程序的执行者，如操作系统或者其父进程。

3.1.2 数据类型

C 语言包含的数据类型如图 3-1 所示。

C 语言的基本数据类型及其在典型系统中的最小字节数如表 3-1 所示。

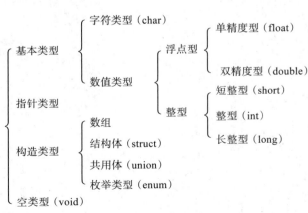

图 3-1　C 语言的基本数据类型

表 3-1　C 语言的基本数据类型及其在典型系统中的最小字节数

类型名	类型关键字	字节数	数的范围	备　注
字符型	char（一般默认为无符号型）	1	$0\sim255$	随系统而异，有的系统中不能取负
无符号字符型	unsigned char	1	$0\sim255$	
有符号字符型	signed char	1	$-128\sim127$	
基本整型	int（默认为有符号）	2 或 4	$-2^{15}\sim(2^{15}-1)$ 或 $-2^{31}\sim(2^{31}-1)$	
无符号整型	unsigned int	2 或 4	$0\sim(2^{16}-1)$ 或 $0\sim(2^{32}-1)$	
有符号整型	signed int	2 或 4	$-2^{15}\sim(2^{15}-1)$ 或 $-2^{31}\sim(2^{31}-1)$	
短整型	short int	2	$-2^{15}\sim(2^{15}-1)$	
无符号短整型	unsigned short int	2	$0\sim(2^{16}-1)$	
有符号短整型	signed short int	2	$-2^{15}\sim(2^{15}-1)$	
长整型	long int	4	$-2^{31}\sim(2^{31}-1)$	
无符号长整型	unsigned long int	4	$0\sim(2^{32}-1)$	
有符号长整型	signed long int	4	$-2^{31}\sim(2^{31}-1)$	
长长整型	long long int	8	$-2^{63}\sim(2^{63}-1)$	C99 新添加
无符号长长整型	unsigned long long int	8	$0\sim(2^{64}-1)$	C99 新添加
单精度型	float	4	$1\times10^{-37}\sim1\times10^{37}$	6 位精度
双精度型	double	8	$1\times10^{-37}\sim1\times10^{37}$	10 位精度
长双精度	long double	10	$1\times10^{-37}\sim1\times10^{37}$	10 位精度（因编译器不同而有所差别）

除上述基本数据类型外，C 语言中其他常用数据类型有以下几种。

1. 结构体

结构体由若干"成员"组成，每个成员可以是一个基本数据类型或结构体类型。定义一个结构体类型的一般形式如下：

struct 结构名 { 成员列表 };

"成员列表"定义结构体各个成员的数据类型，每个成员都是该结构体的组成部分，其形式如下：

类型说明符 成员名；

结构体类型及变量的具体使用方法将在 3.2 节详细介绍。

2. 枚举类型

枚举类型在定义中列举所有可能的取值，被声明为该类型的变量取值不能超过定义的范围。使用关键字 enum 声明枚举类型：

enum 枚举名 { 枚举值表 };

枚举在日常生活中十分常见。例如，一个星期有 7 天，则星期变量的取值只能是这 7 天中的某一天，形式如下：

```
enum week{ sun,mon,tue,wed,thu,fri,sat };
enum week temp;
```

这里声明了一个枚举类型 enum week，枚举值表列出了一个星期的所有合法取值，这些值也称为枚举元素。然后定义了一个 enum week 类型的变量 temp，变量 temp 的所有取值必须都在所定义的范围内。

枚举类型在使用中需遵循以下规定：

1）枚举值是常量，因此不能在程序中再对它赋值。

2）枚举元素本身由系统定义了数值，从第一个枚举元素开始依次定义为 0，1，2……例如，在上述例子中，sun 值为 0，mon 值为 1，……，sat 值为 6。

枚举元素不是字符常量或者字符串常量，使用时不要加引号。

3. 空类型

void 表示空类型，即表示没有与其对应的值。void* 为"空指针类型"，void* 可指向任何类型的数据。void 类型有以下作用：

1）void 修饰函数返回值和参数。如果函数没有返回值，那么应声明为 void 类型。在 C 语言中，凡是不加返回值类型限定的函数，都会被编译器作为返回整型值处理。

2）void 指针。void 指针可以指向任意类型的数据，即可用任意数据类型的指针对 void 指针赋值。例如，当函数参数需要定义为任意类型时，其参数应声明为 void* 类型。

3）void 不能用于定义一个真实的变量。因为定义变量时必须分配内存空间，而定义 void 类型的变量时，编译器并不为其分配内存，所以不能定义 void 变量。

3.1.3 变量与常量

在计算机高级语言中，数据有两种表现形式：常量和变量。

1. 常量

常量就是在程序运行过程中，其值不能改变的量。在程序中，常量可以不经声明而直接引用。常用的常量有以下几类。

1）整型常量。例如，100、-123、0 等都是整型常量。

2）实型常量。这类变量有两种表示形式：

- 十进制小数形式，由数字和小数点组成。例如，3.14、0.56、15.0、-32.18、0.0 等。
- 指数形式，例如，34.56e7（即 34.56×10^7）、-123.4e-12（即 -123.4×10^{-12}）、0.578E24（即 0.578×10^{24}）。

注意：e 或者 E 表示以 10 为底的指数，但 e 或 E 之前必须有数字，且 e 或 E 之后必须为整数，如不能写成 e4、8E3.5。

3）字符常量。这类变量有两种表示形式：

- 普通字符。用单引号括起的一个字符，如 'z'、'3'、'&'。
- 转义字符。以字符 \ 开头的字符序列。例如，printf 函数中的 '\n' 代表一个换行符、'\t' 代表水平制表符。

4）符号常量。用 #define 指令指定一个符号名称代表一个常量。例如：

```
#define PI 3.1416            // 注意行末没有分号
```

2. 变量

变量代表一个有名字、有特定属性的存储单元。它用来存放数据，也就是存放变量的值，其值可改变。在程序中，常量可以不经声明而直接引用，变量则必须先声明后使用。变量必须在使用之前定义，一般放在函数体的开头部分。变量名和变量的值是两个不同的概念，对于如下语句：

```
int a=40;
int b=256;
```

变量名、变量值及其在内存中的存储情况如图 3-2 所示。

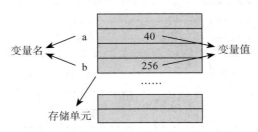

图 3-2   变量名和变量值在内存中的存储

3.1.4   运算符

对于运算符，我们需要特别注意它们的优先级和结合性。

1. 运算符的优先级

C 语言中，运算符的优先级共分为 15 级，其中 1 级最高，15 级最低。在表达式中，高优先级的运算符优先执行；出现同级运算符时，按运算符的结合性所规定的结合方向处理。

2. 运算符的结合性

C 语言中，运算符的结合性分为两种：左结合性（自左至右）和右结合性（自右至左）。算术运算符的结合性为自左至右。例如，对于表达式 a−b+c，a 先与"−"结合，执行 a−b 运算，然后 c 与"+"结合，执行 a−b+c 的运算。这种自左至右的结合方式称为"左结合性"。同理，自右至左的结合方向称为"右结合性"。典型的例子就是赋值运算符，如表达式 x=y=z，由于"="的右结合性，应先执行 y=z 再执行 x=(y=z) 运算。C 语言运算符中有不少为右结合性。表 3-2 列出了 C 语言中各运算符的优先级和结合性。

表 3-2   C 语言运算符的优先级和结合性

类　别	运　算　符	名　称	优　先　级	结　合　性
强制	( )	强制类型转换、参数表 函数调用	1	自左向右
下标	[ ]	数组元素的下标		
成员	->、.	存取结构或联合成员		
逻辑	!	逻辑非	2	自右向左
字位	~	按位取反		
自增	++	自增 1		
自减	--	自减 1		
指针	&	取地址		
	*	取内容		
算术	+	取正		
	-	取负		
长度计算	sizeof	计算数据长度		

（续）

类　别	运　算　符	名　称	优　先　级	结　合　性
算术	*	乘	3	
	/	除		
	%	取模		
算术和指针运算	+	加	4	
	-	减		
字位	<<	左移	5	
	>>	右移		
关系	>=	大于等于	6	自左向右
	>	大于		
	<=	小于等于		
	<	小于		
	==	恒等于	7	
	!=	不等于		
字位	&	按位与	8	
	^	按位异或	9	
	|	按位或	10	
逻辑	&&	逻辑与	11	
	||	逻辑或	12	
条件	?:	条件运算	13	自右向左
赋值	=	赋值	14	
复合赋值	+=	加赋值		
	-=	减赋值		
	*=	乘赋值		
	/=	除赋值		
	%=	取余赋值		
	&=	位与赋值		
	^=	按位加赋值		
	|=	按位或赋值		
	<<=	位左移赋值		
	>>=	位右移赋值		
逗号	,	逗号运算	15	自左向右

3.1.5　函数

1. 函数的概念和定义

函数是一个被命名的程序段，通过调用函数可以多次执行这个程序段。一个 C 语言程序是由一个或多个函数组成的，每一个函数负责完成一个特定的操作或者功能。C 语言程序中有且只有一个名为 main 的函数，该函数为整个程序的入口，即整个程序的执行起点。利用函数，可以将一些功能上相对独立、可能被重复执行的程序段封装起来，使程序的结构更加模块化。

函数定义就是编写完成函数功能的程序块，即确定该函数完成什么功能及如何运行，相当于其他语言的子程序。函数定义的一般形式如下：

```
[ 返回值类型名 ] 函数名 ([ 形参表 ])
{
    声明部分
    语句
    ......
}
```

例如，以下定义了一个 cylinder 函数：

```
double cylinder (double r, double h){
    double result;              // 声明部分
    result = 3.14 * r * r * h;  // 执行语句部分
    return result;
}
```

这是一个求圆柱体体积的函数，第 1 行第 1 个关键字 double 表示函数返回值是浮点型；cylinder 为函数名；函数有两个形参 r 和 h，它们的类型都是 double，分别表示圆柱体的半径和高度。在 cylinder() 函数被调用时，这两个形参的值将由主调函数给出。花括号中的主体包括变量声明部分和执行语句部分，其中变量 result 是函数的返回值。

2. 形式参数和实际参数

在定义函数时，函数括号中给出的变量称为形式参数（简称形参）；在调用函数时，函数括号中给出的参数称为实际参数（简称实参）。形参出现在函数内部，而且只能在函数内部使用；实参出现在主调函数中，进入被调函数后，实参变量不能使用。形参和实参的功能是参数传递。发生函数调用时，主调函数把实参的值传送给被调函数的形参，从而实现主调函数向被调函数的数据传送。

函数的形参和实参具有以下特点：

1）形参变量是实参值的复制，在被调用时分配内存单元，只在函数内部有效，使用形参的函数一旦返回则不能再使用形参变量，形参也将被释放。

2）实参可以是常量、变量、函数等，实参在进行函数调用时必须具有确定的值，才能把值传递给形参。

3）参数传递时，实参和形参在数量、类型、顺序上应保持一致，否则会发生"类型不匹配"的错误。

4）函数调用时，只能把实参的值传送给形参，无法把形参的值反向传送给实参。因此在函数调用过程中，形参的值会发生改变，而实参的值通常不会变化。

3. 数组作为函数参数

数组作为函数的参数有两种方式，一种是数组元素作为函数调用的实参使用，另一种是数组名作为函数调用的形参和实参使用。

数组元素作为函数参数时，与普通变量并无区别，在进行函数调用时，把作为实参的数组元素的值传递给形参，实现一一对应、单向的传递。

用数组名作为函数的参数时，需要注意以下几点：

1）形参数组和实参数组的类型必须严格一致。

2）数组在函数传递的时候只传递数组的首地址，因此形参数组和实参数组长度不等时不会出现语法错误，但是通常会出现执行时错误或者与预期效果不同的情况，这类错误需要特别注意。

在函数形参表中，通常用另外一个变量给出数组长度。

4. 函数的返回值

函数的返回值是指函数被调用之后，被执行函数返回给主调函数的值，通常保存与函数运行结果相关的量。针对函数的返回值，要注意以下几点：

1）返回值只能通过 return 语句返回主调函数。函数中允许有多个 return 语句，但每次调用只能有一个 return 语句被执行，该语句被执行意味着函数执行的结束。

2）函数值的类型和函数定义中函数的类型应保持一致。如果两者不一致，则以函数类型为准，自动进行类型转换。

对于不需要返回值的函数，可以将其返回值类型定义为 void。

5. 函数的嵌套调用

C 语言不支持函数的嵌套定义，但是允许出现函数的嵌套调用，如在一个函数中调用其他函数来完成某一个功能。如图 3-3 所示，main 函数调用了函数 a，函数 a 在执行过程中又调用了函数 b，函数 b 执行完毕，程序返回函数 a 的断点处继续执行，函数 a 执行完毕返回 main 函数的断点处继续执行。

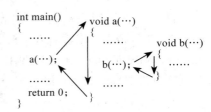

图 3-3　函数的嵌套调用

3.2　结构体

在前面的内容中，我们讨论了数据的基本类型，包括整型、浮点型及字符类型，也了解了一种构造数据类型——数组，数组中的元素具有相同的数据类型。但是在实际问题中，一组相关数据往往具有不同的数据类型。例如，描述一个学生时，需要记录学生的姓名、学号、年龄、性别、成绩等信息。显然，由于这些数据的类型不一致，因此数组不适合表示这些数据，但如果单独定义每个变量，又无法反映变量之间的内在联系，并且可能带来变量数目太多的麻烦。

因此，为了将一组具有不同数据类型但相互关联的数据组合成一个有机整体，C 语言提供了一种能够同时表示多种数据类型的构造数据类型——结构体（Structure）。下面主要介绍结构体的基本概念和定义方法，结构体变量的定义、初始化和引用等内容。

3.2.1　结构体类型的定义

结构体是一种构造数据类型，其包含的每个数据分量都有名字，这些数据分量称为结构成员或者结构分量。结构成员可以是 C 语言中的任意变量类型，程序员可以使用结构体类型来创建适合问题的数据集合。与其他数据类型一样，结构体在使用之前必须先定义。定义结构体就是声明该结构体由哪些成员组成以及每个成员的数据类型是什么。

定义一个结构体类型的格式如下：

```
struct 结构体名
{
    成员类型名 1    成员名 1;
    成员类型名 2    成员名 2;
        ……        ……
    成员类型名 n    成员名 n;
};
```

说明：

1）struct 是结构体类型的关键字，也是定义结构体必不可少的标识符。结构体类型的名字由关键字 struct 和结构体名组合而成（例如 struct Student）。结构体名由用户指定，又称"结构体标记"，以区别其他结构体类型（例如 struct Student 中的 Student 就是结构体名）。

2）结构体内部的"成员名"是用户自定义的合法标识符。

3）对于数据类型相同的结构体成员名，既可以逐个、逐行分别定义，也可以合并成一行定义。

注意：结构体类型定义属于 C 语言声明语句，要以分号结尾。

例如，定义一个结构体用于存储学生的信息，包括：学号、姓名、性别和成绩信息。

```
struct Student
{
    int  num;              /* 学号 */
    char  name[10];        /* 姓名 */
    char  sex;             /* 性别 */
    double  score;         /* 成绩 */
};
```

在上述结构体定义中，结构体类型名是 struct Student，该结构体由学号、姓名、性别和成绩 4 个成员组成。每个成员都是该结构体中的一部分，对每个成员都必须做类型说明：第一个成员名为 num，整型；第二个成员名为 name，字符数组；第三个成员名为 sex，字符型；第四个成员名为 score，浮点型。

说明：

1）结构体类型并非只有一种，而是可以设计出许多种结构体类型。例如，除了可以建立上面的 struct Student 结构体类型外，还可根据需要建立名为 struct Teacher、struct Worker 等结构体类型，并各自包含不同的成员。

2）结构体成员可以定义为另一个结构体类型，这称为"结构体的嵌套定义"。例如：

```
struct Birthday               /* 声明一个结构体类型 struct Birthday*/
{
    int  year;                /* 年 */
    int  month;               /* 月 */
    int  day;                 /* 日 */
};
struct Student                /* 声明一个结构体类型 struct Student*/
{
    int  num;
    char  name[10];
    char  sex;
    double  score;
    struct Birthday  birthday;   /* 成员 birthday 是 struct Birthday 类型 */
};
```

在上面的代码中，先声明一个 struct Birthday 类型，代表"生日"，包括 3 个成员：year（年）、month（月）、day（日）。然后，在声明 struct Student 类型时，将成员 birthday 指定为 struct Birthday 类型。struct Student 的结构如图 3-4 所示。已声明类型 struct Birthday 可以像其他类型（如 int、char）一样用来声明成员的类型。

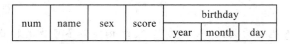

图 3-4   struct Student 的结构

3.2.2 结构体变量的定义

前面只是建立了结构体类型，它相当于一个模型，并没有定义变量，其中并无具体数据，系统也不会为其分配存储单元。只有定义了基于该结构体类型的变量，程序才能使用该结构体类型的数据。

用户自定义的结构体类型与系统定义的标准类型（int、char 等）一样，可用来定义结构体类型的变量。结构体变量同其他变量一样，必须先定义后引用。定义结构体变量的方法有以下 3 种。

1. 先声明结构体类型，再定义该类型的变量

定义的一般形式如下：

```
struct 结构体名   结构体变量名;
```

在 3.2.1 节中，已声明一个结构体类型 struct Student，可以用它来定义变量。例如：

```
struct Student stu;
```

此时，定义的结构体变量 stu 具有结构体类型 struct Student 的结构。这种方式使类型声明和变量定义分离，在声明类型后可以随时定义变量，比较灵活。

2. 在定义结构体类型的同时定义结构体变量

定义的一般形式如下：

```
struct 结构体名
{
    结构体成员表 ;
} 结构体变量名表 ;
```

上述例子中的结构体变量 stu 的定义可以改为如下形式：

```
struct Student
{
    int   num;              /* 学号 */
    char  name[10];         /* 姓名 */
    char  sex;              /* 性别 */
    double  score;          /* 成绩 */
    struct Birthday  birthday; /* 生日 */
}stu;
```

这样，在定义结构体类型 struct Student 的同时，也定义了结构体变量 stu。声明类型和定义变量放在一起进行，能直观地看到结构体结构。这种方式在小型程序中较为方便，但在大型程序中，程序往往要求分别定义类型和变量，以使程序结构清晰、便于维护，所以一般不使用这种方式。

3. 不指定类型名而直接定义结构体类型变量

定义的一般形式如下：

```
struct
{
    结构体成员表；
} 结构体变量名表；
```

上述例子指定了一个无名的结构体类型，它没有名字（不出现结构体名），因此无法再以此结构体类型去定义其他变量，所以这种方式用的不多。

说明：

1）结构体类型与结构体变量是不同的概念，其区别如同 int 类型与 int 型变量的区别。在编译时，系统不为类型分配空间，只为变量分配空间。

2）结构体类型中的成员名可以与程序中的其他变量名同名。例如，在程序中，可以另外定义一个变量 num，它与 struct Student 中的 num 是两个不同的对象，互不干扰。

3.2.3　结构体变量的初始化

结构体变量可以在定义时初始化，即对成员变量赋予初始值。结构体变量的初始化格式与一维数组相似：

```
struct 结构体名
{
    结构体成员表；
} 结构体变量名表 ={ 初始值表 }；
```

例如：

```
struct Student
{
    int   num;                    /* 学号 */
    char   name[10];              /* 姓名 */
    char   sex;                   /* 性别 */
    double   score;               /* 成绩 */
    struct Birthday   birthday;   /* 生日 */
}stu={10, "Zhang San",' 男 ',92,{1999, 8, 14}};
```

在上述例子中，实现了对结构体变量 stu 的初始化。其中，初始值表中的各初始值之间用逗号分隔，大括号内的数据项必须按顺序对应地赋值给结构体变量的各个成员，且要求数据类型一致。如果结构体的某个成员本身又是结构体类型，则该成员的初始值也是一个初始值表，如上述例子所示。

3.2.4　结构体变量的引用

任何一个结构体变量不能作为整体输入或输出，为了实现变量的输入、输出以及运算等操作，需要对变量中的每一个成员进行引用。

1. 引用结构体变量成员的规则

引用结构体变量成员的一般方式如下：

结构体变量名 . 成员名

例如，stu.num 表示引用 stu 结构体变量中的 num 成员。其中，"."称为成员运算符，它在所有运算符中优先级别最高，因此可以把 stu.num 看作一个整体，相当于一个变量。

如果结构体的某成员本身又是一个结构体类型，则必须逐级通过成员运算符"."引用最低级的成员。例如，引用结构体变量 stu 中的 birthday 成员的格式如下：

```
stu.birthday.year
stu.birthday.month
stu.birthday.day
```

注意：只能对最低级的成员进行赋值、存取以及运算。在上述例子中，不能用 stu.birthday 来访问 stu 变量中的成员 birthday，因为 birthday 本身也是一个结构体成员。

2. 结构体变量的输入 / 输出

C 语言不允许对结构体变量做整体的输入 / 输出，因此结构体变量的输入 / 输出只能通过结构体变量的成员输入 / 输出来实现。例如，使用 scanf 函数对结构体变量 stu 赋值：

```
scanf("%d",&stu.num);
scanf("%s",stu.name);
scanf("%c",&stu.sex);
scanf("%d%d%d",&stu.birthday.year, &stu.birthday.month, &stu.birthday.day);
scanf("%lf",&stu.score);
```

注意：

1）成员 name 是字符数组名，其本身为地址，所以不应再使用取地址运算符"&"。

2）使用 printf 函数对结构体变量输出与此类似，但不能通过输出结构体变量名来输出结构体变量所有成员的值，只能对结构体变量中的成员分别进行输入和输出。

例如，以下用法是错误的：

```
printf("%s\n",stu);                 // 错误，使用结构体变量名输出所有成员
```

3. 结构体变量的运算

结构体变量的成员可以像普通变量一样进行各种运算（其类型决定可以进行的运算），例如：

```
temp = stu.score;           （赋值运算）
sum = stu.score + 5;        （加法运算）
stu.age++;                  （自加运算）
```

由于"."运算符的优先级最高，因此 stu.age++ 是对（stu.age）进行自加运算，而不是先对 age 进行自加运算。

4. 结构体变量的赋值

如果两个结构变量具有相同的类型，则允许将一个结构变量的值直接赋给另一个结构变量。赋值时，将赋值符号右边的结构变量的每一个成员都赋值给左边的结构变量中相应的成员。这是结构体中唯一的整体操作方式。例如，语句

```
stu1=stu2;          // 假设 stu1 和 stu2 已经定义为同类型的结构体变量
```

与下列语句等效：

```
stu1.num= stu2.num;
strcpy(stu1.name,stu2.name);
stu1.sex= stu2.sex;
stu1.birthday = stu2.birthday;
stu1.birthday = stu2.birthday;
```

5. 结构体变量作为函数参数

在一个由多个函数组成的 C 语言程序中，如果程序中含有结构体类型的数据，那么可能需要用结构体变量作为函数的参数或返回值，以便在函数间传递数据。

结构体变量作为函数参数的特点是，可以传递多个数据且参数形式比较简单。但对于成员较多的大型结构，参数传递时进行的结构数据复制会使程序效率低下。

3.3　指针

3.3.1　指针基础

在计算机中，内存以一个字节（1Byte）为基本单位，分成了一个个小的空间，每个空间有唯一的编号（该编号的长度为四个字节，称为地址），效果如图 3-5 所示。

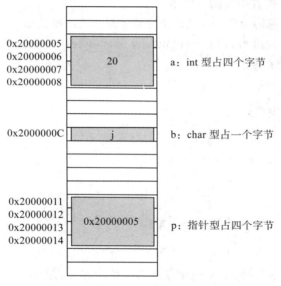

图 3-5　内存空间

其中，每个大小为 n 的变量会占用连续的 n 个单位的内存空间，访问任何一个变量归根到底都是访问其地址。例如，在访问 int 型变量 a 时，就是将变量名 a 转换为地址来访问，即首先将 a 转化成具体的地址 0x20000005，然后根据 int 型占用 4 个字节的特性，连续访问 0x20000005 ～ 0x20000008 这四个字节的内容，最终得到整型变量 a 的值。除此之外，访问 char 型变量和 double 型变量的方式是一样的，这种访问方法通常称为直接访问。

C 语言提出了一种专门用来存放地址的变量，这种变量称为指针变量。因为地址宽度为四个字节，所以指针变量占据的地址空间大小也为四个字节。通过指针变量得到地址，再通过地址访问存储数据的方式称为间接访问。请注意区分"指针"和"指针变量"这两个概念。一个变量的地址称为该变量的指针，指针是一个地址，而指针变量是存放地址的变量。

3.3.2　指针变量的操作

指针变量的定义方式如下：

```
类型名 * 指针变量名;
```

例如:

```
int * p1, *p2;
```

注意不是"int *p1, p2;",这种定义方式表示定义了一个整型指针 p1 和一个整型 p2。
指针有以下 5 类常用操作。

1. 赋值

将一个地址赋值给指针变量,如:

```
int num;
int *p_num=&num;                   // 把 num 的地址赋值给指针变量 p_num
```

其中,p_num 保存了 num 的地址。"&"是取地址符,用来获得一个变量的地址。在赋值过程中,可以让多个指针指向同一块地址。

通常,也会给指针临时分配一块地址来存放数据,这是通过 malloc 函数来实现的,malloc 函数的原型为"extern void *malloc(unsigned int num_bytes);"。动态分配的内存使用结束后,需要通过 free 函数手动释放。

free 函数的原型如下:

```
void free(void *ptr);
```

使用方法如下:

```
int *p=(int *) malloc (sizeof(int));
free(p);
```

2. 取值

根据指针取出相应地址存放的数据,如:

```
int num2=*p_num;
```

"*"为取内容符,表示取出 p_num 指向地址的内容。需要注意的是,通过"*"来赋值的前提是指针已经被赋予了一个存在的地址,如果只是定义了指针而没有赋予地址,由于指针指向的地址是不定的,因此执行中就会出现错误。此外,指针变量也是有地址的,可以通过定义一个指向指针变量的指针来保存指针变量的地址,也就是常说的指针的指针。其定义如下:

```
int **p_ptr=&num2;
```

这样就定义了一个指针的指针来指向 num2,p_ptr 通常称为二级指针。

3. 与整数的加减

指针与一个整数的加减并不是直接在地址数值上加上该整数,而是首先将整数与指针指向类型的字节数相乘,然后再加给地址。例如,对于" int *p_num2=p_num+3;",如果 p_pum 指向的地址是 0x00000001(十进制的 1),则 p_num2 指向的地址就是 0x0000000D(即为十进制 13=1+3*4)。减法的过程与此类似,这种用法通常出现在数组或者字符串的操作中。

4. 改变指针值

指针作为一个变量时是可以改变的。可以给一个指针重新赋予地址值,也可以为指针自加或者自减一个数。前者比较容易理解，只要用赋值符号重新赋值即可；后者是用前缀（或者后缀）的"++""--"来对指针进行加和减的操作，加减的效果和加上或者减少一个数值为1 的整数是一样的。

5. 指针的差

指针求差主要用在数组操作中，得到的数值即为两个地址实际的差除以指针指向类型的大小。

3.3.3　指针与函数

1. 指针作为函数的参数

指针通常作为函数的参数来使用。之前已经讲过，函数会把实际参数赋值给形式参数以供函数内部使用，如果通过函数内部的操作修改形式参数的值，仍然不会改变实际参数的值。有时候，我们需要通过函数来修改实际参数的值，这时就可以用指针（指向要修改值）作为参数。因为指针作为参数的时候会把值复制给形式参数，但是形式参数和实际参数指向同一块内存地址，这样就可以通过形式参数指针来达到改变数据的目的。

2. 指向函数的指针

在内存组织中，函数也会占用一系列内存空间，函数的指针是用来保存这一系列内存空间的首地址的，也就是指向这个函数。定义方式如下：

数据类型（* 指针变量名）(参数列表)

这里的"数据类型"是指函数返回值的类型。这种定义固定了函数的参数和返回值，一个定义好的指针可以指向任何一个满足这两个条件的函数。函数的指针通常会被另一个函数作为参数，从而为一个函数调用另一个函数提供了新的方式，如"int (*p)(int,int);"表示指针变量 p 只能指向函数的返回值为整型且有两个整型参数的函数。

3. 指针作为返回值

返回值为指针的函数定义方式如下：

类型名 * 函数名（参数列表）

例如，对于"int *a(int x,int y);"，a 是函数名，调用它以后能得到一个 int * 型（指向整型数据）的指针，即整型数据的地址；x 和 y 是函数 a 的形参，为整型。

3.3.4　数组与指针

数组元素地址的排布具有连续性，且存放变量的类型相同，故经常通过指针来进行相关操作。数组的数组名即为数组的首地址，同时也是数组第一个元素的存储地址。

通常用数组名为指针变量赋值，从而达到使指针指向该数组的目的。该指针同时指向了数组的第一个元素，如：

```
int array[10];
int *p=array;
```

获得某个元素的地址有以下两种方式：

1）通过下标得到数组元素，然后取其地址。例如：

```
int *p2=&array[2];
```

2）首地址指针直接加上目标元素下标值。

```
int *p3=p+2;
```

上面已经提到过，给指针加上一个整数实际上是给指针的值加上整数，再乘以类型大小，恰好可以得到数组相应元素的地址。

同样，如果对指针进行自增（++）或自减（--），会使指针向后移一位或者向前移一位。在一个数组中，可以同时使用多个指针来指向数组不同的位置，这会使数组的操作更加灵活。

除了以上操作数组的方法，还可以为一个指针临时分配一系列地址空间，该系列地址空间可以看成一个动态生成的数组，这里仍将用到 malloc 和 free 函数。例如，生成一个包含10 个 int 型元素的数组，然后释放相应的内存空间，其代码如下：

```
int *p_array=(int *)malloc(10*sizeof(int));
free(p_array);
```

3.4　C 标准库

库是一个可以在多个程序中使用的程序组件集合。C 标准库包含许多有用的函数，这些函数可以完成读写操作以及字符串操作等工作。C 标准库包括一系列头文件，C89 库的 15 个标准头文件如表 3-3 所示。

表 3-3　C89 库标准头文件

头　文　件	功　　能
\<assert.h>	诊断功能，主要是为了提供 assert() 宏
\<ctype.h>	字符处理，对单个字符进行处理
\<errno.h>	出错报告，通过宏定义了各种错误码，用于诊断
\<float.h>	提供了浮点型的范围和精度的宏，在数值分析的时候会经常用到
\<limit.h>	提供了整型的范围和精度的宏
\<locale.h>	定位支持
\<math.h>	提供了大量的数学公式，如平方、正余弦函数等
\<setjmp.h>	提供非本地跳转
\<signal.h>	支持中断信号的处理
\<stdarg.h>	支持函数接收不定量参数
\<stddef.h>	定义常用的常量，如 NULL
\<stdio.h>	常用的头文件，支持标准输入 / 输出
\<stdlib.h>	提供了许多常用的系统函数，如 exit()
\<string.h>	支持字符串处理
\<time.h>	支持日期和时间的头文件

C99 新增的 9 个头文件如表 3-4 所示。

表 3-4　C99 新增的头文件

头　文　件	功　　能
\<complex.h>	支持复数运算
\<fenv.h>	定义了浮点数环境控制函数、异常控制函数等，为编写高精度浮点运算创造条件

（续）

头　文　件	功　　能
<inttypes.h>	支持宽大整数的处理
<iso646.h>	通过宏定义了一系列操作
<stdbool.h>	支持 bool 数据类型
<stdint.h>	定义一些新长度的整型，以及大数输出函数
<stdgmath.h>	定义了普通的浮点宏
<wchar.h>	支持多字节和宽字符
<wctype.h>	支持多字节和宽字符的处理函数

3.5   本章小结

本章主要讲解了 C 语言编程的基础。C 语言通常是操作系统课程的先导课程，它的使用贯穿了本书中的全部实验。本章的主要目的是全面回顾 C 语言的基本语法，重难点在于指针和结构体的使用，熟悉 C 语言可帮助读者顺利进行后续的实验。

第 4 章

shell 编程

本章将对后续实验中用到的一些 shell 编程知识进行介绍，涉及 shell 的基本概念、脚本文件的创建、变量、参数、运算符、数组、流程控制等内容。读者可通过本章的学习熟悉 shell 编程的相关知识，为操作系统课程实验做准备。此外，本章还介绍了 vim 程序编辑器和 Linux 下 shell 常见的命令。

4.1　vim 程序编辑器

4.1.1　vim 的基本概念

vi 编辑器是 UNIX 系统最初的编辑器。它使用控制台图形模式来模拟文本编辑窗口，允许查看文件中的行，支持在文件中移动、插入、编辑和替换文本。尽管它可能是世界上最复杂的编辑器，但其拥有的强大特性使其成为 UNIX 管理员不可或缺的主要工具。

vi improved 简称 vim，它在 vi 的基础上增加了许多新的特性。vim 和 Emacs 都是 Linux 文本编辑的常用工具软件，与 Windows 的文本编辑器（如 notepad）相比，vim 下的文本编辑都是由键盘命令完成而非鼠标完成，这就实现了在没有图形化界面的情况下也能对文件内容进行编辑。

所有的类 UNIX 系统（比如 Linux）都会内建 vi 文本编辑器，其他文本编辑器则不一定会存在，目前使用比较多的是 vim 编辑器。此外，在 Ubuntu 中安装 vim 需要使用"sudo apt-get install vim"命令，再通过"vim　　目标文本名"命令来创建对应的目标文件。

4.1.2　vim 的工作模式

vi/vim 有三种工作模式：命令模式（command mode）、输入模式（insert mode）和底线命令模式（last line mode），三种工作模式之间的切换如图 4-1 所示。

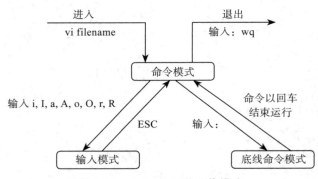

图 4-1　vi/vim 的三种工作模式

1. 命令模式

命令模式是默认模式，当用户启动 vi/vim 时就进入命令模式。在此模式下，不可编辑文件，只可进行命令操作，即敲击键盘动作会被 vim 识别为命令而非输入字符。比如，我们按下 x，并不会输入一个字符，x 会被当作一个命令。在这个模式下，可以上下移动鼠标，操作一些按键来快速做一些事情，如复制、粘贴、删除等。命令模式下常用的按钮操作如表 4-1 所示。

表 4-1　命令模式下常用按钮说明

语　法	功　能　描　述
i	切换到输入模式，以输入字符
:	切换到底线命令模式，以在底部的行输入命令
x	删除当前光标所在处的字符，相当于 del
X	删除一个字母，相当于 Backspace
dd	删除光标当前一行
yy	复制光标当前一行
p	箭头移动到目的行粘贴
u	撤销上一步
Shift+^	移动到行头
Shift+$	移动到行尾
Shift+g	移动到页尾
（数字）N+shift+g	移动到目标行 N
h（或左键）	左移一个字符
j（或下键）	下移一个字符
k（或上键）	上移一个字符
l（或右键）	右移一个字符
ZZ	退出 vi/vim

2. 输入模式

当用户在命令模式下键入"i,I,o,O,a,A,r,R"（通常按"i"即可），就进入输入模式。在此模式下，可以编辑文档、输入内容。从命令模式切换到编辑模式的可用按钮说明如表 4-2 所示。

表 4-2　从命令模式切换至编辑模式的按钮说明

语　法	功　能　描　述
i	从目前光标所在处输入
I	在目前所在行的第一个非空格符处开始输入
o	在目前光标所在的下一行处输入新的一行
O	在目前光标所在处的上一行输入新的一行
a	从目前光标所在的下一个字符处开始输入
A	从光标所在行的最后一个字符处开始输入
r	取代光标所在的那个字符一次
R	一直取代光标所在的文字，直到按下 ESC 为止
ESC	退出输入模式，回到命令模式中

3. 底线命令模式

用户在命令模式下键入"："（英文冒号）即可进入底线命令模式，此模式下可以输入单个或多个字符的命令。此模式支持若干指令，如完成读取、存盘、替换、离开 vim、显示行号等。底线命令模式下常用的按钮说明如表 4-3 所示。

表 4-3　底线命令模式下常用的按钮说明

语　法	功　能　描　述
:w	将编辑的数据写入硬盘文件中
:q	退出 vi/vim
:!	强制执行
:wq	存储后离开
/ 要查找的词	n 表示查找下一个，N 表示向上查找
? 要查找的词	n 表示查找上一个，shift+n 表示向下查找
set nu	显示行号
set noun	关闭行号

4.1.3　vim 的使用实例

本节用一个简单的例子来说明 vim 的使用。假设要使用 vim 建立一个名为 scu.txt 的文件。

1）使用 vim 进入命令模式。

输入：

```
$ vi scu.txt
```

直接输入 vi 文件名即可进入 vi 的命令模式。注意，不管该文件是否存在，vi 后都需要加文件名。如图 4-2 所示。

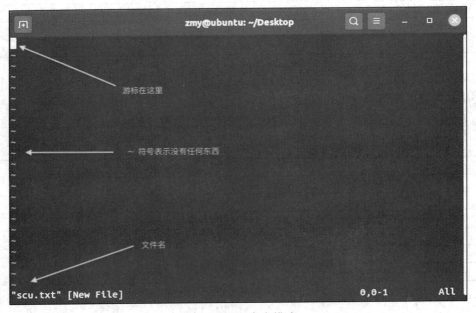

图 4-2　进入命令模式

2）按下 i 进入输入模式，开始编辑文字。

在编辑模式中，左下角状态栏中会出现 " --INSERT--" 的字样，这意味着可以输入任意字符。此时键盘上除了 ESC 键，其他键都可以视为一般的输入按钮，可以进行任何编辑。如图 4-3 所示。

图 4-3　进入输入模式

3）按下 ESC 键回到底线命令模式。

编辑完成后，按下 ESC 键回到底线命令模式，左下角的"-- INSERT --"也会消失。

4）在底线命令模式下，按":wq"保存文件后退出 vi/vim，如图 4-4 所示。

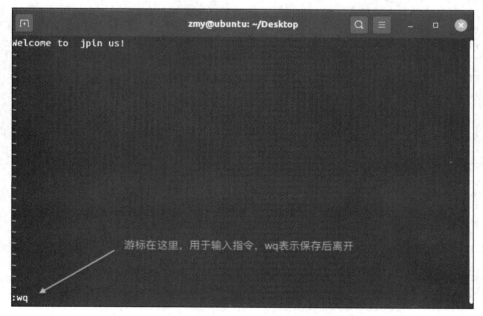

图 4-4　进入底线命令模式

4.2　用 shell 进行编程

4.2.1　shell 的基本概念

shell 是 Linux 系统中的重要层次，是包裹在 Linux 内核上的"壳程序"，也是用户和 Linux 内核之间的接口程序。简而言之，shell 是"为用户提供操作界面"的程序。shell 的核心是命令行提示符，用户在 shell 提示符（$ 或 #）下输入的每一个命令都由 shell 先解释，然后传给内核执行（# 表示该系统的 root 用户）。

在 Linux 系统中，常见的 shell 有两类：一类是 bourne shell，如 sh、ksh、bash（bourne again shell）等；另一类是 C shell，如 csh、tcsh 等。注意，本书基于 bash 编写，在 Ubuntu 下，可以通过组合键"CTRL+ALT+T"来启动 bash，然后通过相关命令来执行相应的操作。

4.2.2　shell 脚本文件

shell 编程同其他语言编程一样，需要文本编辑器和能解释执行的脚本解释器。shell 脚本是一种为 shell 编写的脚本程序，下面通过实例来说明如何创建并运行一个 shell 脚本。

1. 创建

打开 vim 文本编辑器，新建文件 scu.sh，在编辑器中输入代码。开头的"# !"明确告知系统此脚本使用的是 bash 解释器。

```
#!/bin/bash
echo "SCU"
```

2. 运行

将创建好的代码保存为 scu.sh，执行 cd 命令，转到相应目录。

```
chmod +x ./scu.sh  # 使脚本具有执行权限
./scu.sh  # 执行脚本
```

3. 注释

shell 编程中的注释说明语句以"#"开头。

```
# 这是一个注释
```

多行注释可以使用"::<<EOF EOF"或者":<< ' '" ":<<! !"的形式。

```
:<<EOF
注释内容 1
注释内容 2
EOF
--------------------
:<<'
注释内容 1
注释内容 2
'
--------------------
:<<!
注释内容 1
注释内容 2
!
```

4.2.3　变量及传递参数

1. 变量

（1）基本概念

shell 变量包括环境变量和临时变量。临时变量又分为用户定义的变量和位置参数两类。

1）环境变量：也称为全局变量，可以在创建它们的 shell 及其派生出的任意子进程 shell 中使用。环境变量可以在命令行中设置和创建，用户退出命令行时这些变量值就会丢失。

2）用户定义的变量：也称为本地变量，用户可以自定义变量的名称，也可以对变量进行赋值、修改和删除。

3）位置参数：运行 shell 脚本文件时可以给它传递一些参数，这些参数在脚本文件内部可以使用 $n 的形式来接收，这种通过 $n 的形式来接收的参数在 shell 中称为位置参数。

（2）定义变量

1）基本形式：变量名 = 变量值

2）命名规则

- 命名只能使用英文字母、数字和下划线，首个字符不能以数字开头。
- 变量名中不能有空格，可以使用下划线。
- 不能使用标点符号。
- 不能使用 bash 里的关键字（可使用 help 命令查看保留关键字）。

（3）使用变量

要使用一个已经定义的变量，只需要在变量名前加符号"$"。变量名外面的花括号可根据需要添加，加花括号是为了帮助解释器识别变量的边界。

```
your_name = "scucs"
echo $your_name
echo ${your_name}
```

（4）只读变量

readonly 命令能将变量定义为只读变量，即值不可改变。

```
scu_url= "http://cs.scu.edu.cn"
readonly scu_url
scu_url= "http://artmuseum.scu.edu.cn/art/index.jsp"
```

运行以上脚本，系统会提示如下错误信息：

```
/bin/sh: NAME: This variable is read only.
```

（5）删除变量

unset 命令能删除变量。

```
scu_url = "http://cs.scu.edu.cn"
unset scu_url
echo $scu_url
```

以上脚本运行没有任何结果输出。

2. 传递参数

在执行 shell 脚本时，向脚本传递参数，其获取参数的格式为：$n。n 代表一个数字，1

为执行脚本的第一个参数，2 为执行脚本的第二个参数，以此类推。

以下代码表示向脚本传递三个参数并分别输出，其中 $0 为执行的文件名（包含文件路径）。

```
echo "Shell 传递参数实例 ";
echo " 执行的文件名：$0";
echo " 第一个参数为：$1";
echo " 第二个参数为：$2";
echo " 第三个参数为：$3";
```

此外，还有几个特殊字符可用于处理参数，如表 4-4 所示。

表 4-4　参数处理字符及说明

参数处理字符	说　明
$#	传递到脚本的参数个数
$*	以一个单字符串显示所有向脚本传递的参数
$$	脚本运行的当前进程 ID 号
$!	后台运行的最后一个进程的 ID 号
$@	与 $* 相同，但是使用时加引号，并在引号中返回每个参数
$-	显示 shell 使用的当前选项，与 set 命令功能相同
$?	显示最后命令的退出状态。0 表示没有错误，其他任何值表明有错误

4.2.4　数据类型

1. 整数型

shell 中所有变量默认都是字符串型，即若不指定变量的类型，那么所有的数值都不能进行运算。如果想进行数学运算，需使用 "$((运算式))" 或 "$[运算式]" 方式。

```
a=1
b=2
c=$a+$b
d=(($a+$b))
e=[$a+$b]
echo $c
echo $d
echo $e
```

以上代码的输出结果如下：

```
1+2
3
3
```

2. 字符串

字符串是 shell 编程中常用的数据类型，可以用单引号或双引号标注，也可以不用引号。

（1）单引号

单引号字符串的限制如下：

1）单引号里的任何字符都会原样输出，单引号字符串中的变量无效。

2）单引号字串中不能出现单独的单引号（对单引号使用转义符后也不行），但可成对出现，作为字符串拼接使用。

```
str = 'this is a computer'
```

（2）双引号

双引号的优点包括：

1）双引号里可以有变量。

2）双引号里可以出现转义字符。

```
my_name = 'scu'
str = "Hello, I know your school is"
echo -e $str
```

（3）拼接字符串

下面给出一个拼接字符串的例子：

```
my_name = "scu"
# 使用双引号拼接
greet_1 = "hello, "$my_name" !"
greet_2 = "hello, ${my_name} !"
echo $greet_1 $greet_2
# 使用单引号拼接
greet_3 = 'hello, '$my_name' !'
greet_4 = 'hello, ${my_name} !'
echo $greet_3 $greet_4
```

以上代码的输出结果如下：

```
hello, scu!    hello, scu!
hello, scu!    hello, ${my_name}!
```

3. 数组

bash 支持一维数组（不支持多维数组），并且没有限定数组的大小。

类似于 C 语言，数组元素的下标从 0 开始编号。利用下标可以获取数组中的元素，下标可以是整数或算术表达式，其值应大于或等于 0。

（1）数组的定义

```
数组名 =( 值 1 值 2 … 值 n)
scu_array=(value0 value1 value2)
```

（2）数组读取

```
${ 数组名 [ 下标 ]}
```

使用 @ 或 * 可以获取数组中的所有元素。

```
scu_array = (1 2 3 4)
echo ${scu_array[1]}
echo ${scu_array[@]}
echo ${scu_array[*]}
```

以上代码的输出结果如下：

```
2
1 2 3 4
1 2 3 4
```

（3）获取数组长度

```
scu_array = (1 2 3 4)
echo "数组元素个数为: ${#scu_array[*]}"
echo "数组元素个数为: ${#scu_array[@]}"
```

以上代码的输出结果如下：

```
4
4
```

4.2.5　基本运算符

shell 支持多种运算符，包括算术运算符（参见表 4-5）、关系运算符（参见表 4-6）、布尔运算符（参见表 4-7）和字符串运算符（参见表 4-8）。

表 4-5　算术运算符

运　算　符	说　明	实　例
+	加法	expr $a + $b
-	减法	expr $a - $b
*	乘法	expr $a * $b
/	除法	expr $a / $b
%	取余	expr $a % $b
=	赋值	expr $a = $b
==	用于比较两个数字，相同返回 True	expr $a == $b
!=	用于比较两个数字，不相同返回 True	expr $a != $b

表 4-6　关系运算符

运　算　符	说　明	实　例
-eq	检测两个数是否相等，相等返回 True	[$a -eq $b]
-ne	检测两个数是否不相等，不相等返回 True	[$a -ne $b]
-gt	检测左边的数是否大于右边的数，如果是，则返回 True	[$a -gt $b]
-lt	检测左边的数是否小于右边的数，如果是，则返回 True	[$a -lt $b]
-ge	检测左边的数是否大于等于右边的数，若是则返回 True	[$a -ge $b]
-le	检测左边的数是否小于等于右边的数，若是则返回 True	[$a -le $b]

表 4-7　布尔运算符

运　算　符	说　明
!	非运算，表达式为 True 返回 False，否则返回 True
-o	或运算，有一个表达式为 True 则返回 True
-a	与运算，两个表达式都为 True 才返回 True

表 4-8　字符串运算符

运　算　符	说　明	实　例
=	检测两个字符串是否相等，相等返回 True	[$str1 = $str2]
!=	检测两个字符串是否相等，不相等返回 True	[$str1 != $str2]
-z	检测字符串长度是否为 0，为 0 返回 True	[-z $str1]
-n	检测字符串长度是否不为 0，不为 0 返回 True	[-n "$str2"]
$	检测字符串是否为空，不为空返回 True	[$str2]

4.2.6 echo 和 test 命令

1. echo

echo 命令用于字符串的输出，基本格式为：

```
echo string
```

下面是使用示例。

```
# 显示普通字符串
echo "It is scu"
输出结果: It is scu
---------------------
# 显示转义字符
echo "\"It is scu\""
输出结果: "It is scu"
---------------------
# 显示变量
echo "$flag It is scu"
输出结果: OK It is scu
---------------------
# 显示换行
echo -e "OK! \n"
echo "It is scu"
输出结果:
OK!
It is scu
---------------------
# 显示不换行
echo -e "OK! \c"
echo "It is scu"
输出结果: OK! It is scu
---------------------
# 原样输出字符串
echo '$name\"'
输出结果: $name\"
---------------------
# 显示命令执行结果: 注意使用的是反引号 `
echo `date`
输出结果: Thu Aug 22 10:08:46 CST 2020
```

2. test

shell 中的 test 命令用于检查某个条件是否成立，它可以进行数值、字符和文件三个方面的测试。测试参数如表 4-9 ～表 4-11 所示。

表 4-9 数值测试

参 数	说 明
-eq	等于则为真
-ne	不等于则为真
-gt	大于则为真
-ge	大于等于则为真
-lt	小于则为真
-le	小于等于则为真

表 4-10 字符串测试

参　数	说　明
=	相等则为真
-z	不相等则为真
-n	字符串的长度为零则为真
-ge	字符串的长度不为零则为真

表 4-11 文件测试

参　数	说　明
-e 文件名	如果文件存在则为真
-r 文件名	如果文件存在且可读则为真
-w 文件名	如果文件存在且可写则为真
-x 文件名	如果文件存在且可执行则为真
-s 文件名	如果文件存在且至少有一个字符则为真
-d 文件名	如果文件存在且为目录则为真
-f 文件名	如果文件存在且为普通文件则为真
-c 文件名	如果文件存在且为字符型特殊文件则为真
-b 文件名	如果文件存在且为块特殊文件则为真
-L 文件名	如果文件名存在且为一个连接文件则为真

4.2.7 流程控制

1. 条件

条件语句的语法格式如下：

```
if condition0
then
    command0
elif condition1
then
    command1
else
    commandN
fi
```

注意：if 之后需要有一个 then，还需要有一个 fi 表示 if 段结束，两边都需加空格以分隔判断语句。

2. 循环

（1）for

对于条件中的每种情况都执行一次，格式如下：

```
for [var] in [con1,con2,con3];
do
    ...
done
```

（2）while

当条件满足时一直执行下去，格式如下：

```
while [condition];
do
    ...
done
```

（3）until

与 while 相反，当条件满足时停止，否则一直执行，格式如下：

```
until [condition];
do
    ...
done
```

4.3 Linux 下 shell 的常见命令

1. 文件、目录操作命令

（1）查看文件操作

常见的查看命令如表 4-12 所示。

表 4-12　查看操作命令及说明

命　令	功　能　说　明
ls	显示当前目录下所有文件和目录的信息
cat file	查看文件内容
less file	查看文件，支持翻页和搜索
head file	查看文件前 10 行的内容，"head -n 20 file"表示查看文件前 20 行的内容
tall file	显示文件尾部，默认显示 10 行，和 head 类似，也可以自定义显示的行数，例如，"tail -f file"可用于实时查看日志文件
wc file	查看文件的行数、单词数和字符数等信息
find	查找文件或目录

（2）创建文件 / 目录操作

常见的创建文件 / 目录命令如表 4-13 所示。

表 4-13　创建文件 / 目录命令及说明

命　令	功　能　说　明
touch file	创建一个空文件
mkdir dir	创建目录
mkdir –p dir1/dir2	-p 选项可以创建当前不存在的父目录

（3）复制操作

复制命令如表 4-14 所示。

表 4-14　复制命令及说明

命　令	功　能　说　明
cp file newfile	在当前目录创建一个 file 的副本，命名为 newfile
cp file /dir/	将 file 复制到 dir 目录下
cp * /dir/	将当前目录下的所有文件复制到 dir 目录下
cp –R * /dir/	将当前目录下的所有文件以及目录递归地复制到 dir 目录下
cp -p file /dir/	将当前目录的 file 文件（包括文件的所有者、权限、时间戳等信息）复制到 dir 目录下

（4）移除文件操作

移除文件命令如表 4-15 所示。

表 4-15　移除文件命令及说明

命　令	功　能　说　明
mv file /dir/	将 file 移动到 dir 目录下
rm file	删除某一个文件
rm –i file	删除某一个文件，提示确认删除
rm –rf dir	直接删除当前目录下名为 dir 的整个目录

（5）切换操作

切换操作如表 4-16 所示。

表 4-16　切换操作及说明

命　令	功　能　说　明
cd dir	切换到当前目录下的 dir 目录
cd /	切换到根目录
cd ..	切换到上一级目录
cd ../..	切换到上二级目录

（6）文本处理操作

文本处理命令如表 4-17 所示。

表 4-17　文本处理命令及说明

类　型	命　令	功　能　说　明
sort（排序）	sort file	对 file 内容按默认（字母）顺序排序
	sort –u file	移除 file 中的重复行
	sort –n file	对 file 内容按数值大小排序
grep（查找）	grep aaa file	查找 file 中包含 aaa 的内容
	grep –i aaa file	查找 file 中包含 aaa（不区分大小写）的内容
	grep –c aaa file	查找 aaa 出现的次数
	grep –n aaa file	查找 aaa 的内容，显示每一行的行号
	grep –C 20 aaa file	查找 file 中包含 aaa 以及上下 20 行的内容

2. 用户与组相关操作

（1）权限操作

权限操作的命令如表 4-18 所示。

表 4-18　权限操作命令及说明

命　令	功　能　说　明
chmod o+x file	赋予其他用户执行文件的权限
chown root file	将 file 的所有者修改为 root 用户
chown :root file	将 file 的用户组修改为 root 用户
chown root:root file	同时将 file 的所有者和用户组修改为 root 用户

（2）其他

其他操作命令如表 4-19 所示。

表 4-19 其他操作命令及说明

命　令	功　能　说　明
groupadd	添加组
useradd	添加用户
passwd	更改用户密码
id	显示用户的信息

3. 压缩与解压缩

压缩与解压缩操作命令如表 4-20 所示。

表 4-20 压缩 / 解压缩操作命令及说明

命　令	功　能　说　明
gzip file	压缩 file 文件，生成 file.gz 的压缩文件，并删除 file
gzip –r /dir	递归地压缩 dir 目录下的文件
gzip –d file.gz	解压缩 file.gz 文件

4.4　本章小结

本章首先介绍了 vim 文本编辑器，然后讲解了 shell 的编程基础，最后对 Linux 下 shell 常见命令进行了总结。shell 编程是操作系统实验课程的先导课程，其应用贯穿本书的实验。本章的重点在于 shell 编程，读者应掌握本章理论知识，以便在后续实验中加以实践。

第 5 章
文件 I/O

　　本章将从系统调用与标准库两个方面来介绍文件 I/O 操作，首先描述系统调用与标准库的概念，然后介绍标准库中的文件 I/O 函数，包括打开文件、读文件、写文件等相关 I/O 操作。

5.1　系统调用与 C 语言标准库

　　系统调用是操作系统提供给用户程序的"特殊"接口，可以帮助用户程序获取操作系统内核提供的一系列服务。系统调用作为中介，将用户程序的请求传达给内核，并将内核的处理结果返回给用户。例如，用户可以通过文件系统的相关调用对文件执行打开、关闭或者读写的操作。

　　C 语言标准库基于系统调用实现，它封装了依赖于系统的系统调用，使其对开发者透明，从而实现跨平台的特性。系统调用的实现在内核态完成，而 C 语言标准库则在用户态实现；标准库函数完全运行在用户空间，而完成实际事务的是处于内核态的系统调用。例如，标准库函数中最常用的输出函数 printf 函数首先将数据转化为符合格式要求的字符串，系统再调用 write 函数输出这些字符串。另外，系统调用和 C 语言标准库函数也并不总是一一对应的，存在不同标准函数调用同一个系统调用的现象，如图 5-1 所示。

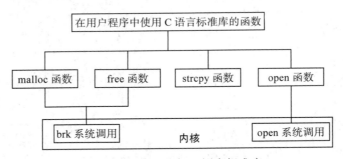

图 5-1　系统调用与 C 语言标准库

　　我们以 printf 函数为例来说明系统调用和库函数的区别。在 C 语言中，若想输出某个结果，会用到 C 语言标准库中的 printf 函数，它会解析我们传入的参数，将所带的格式化参数转换成一个字符串。然后，printf 函数调用 write 系统调用，相当于汇编语言将系统调用号放在 eax 寄存器中，同时将后面的参数放入后面的寄存器中，并发出一个 0x80 的中断，使 CPU 进入中断模式。所以，我们在用户应用程序中既可以调用 C 库函数，也可以自己实现具有输出功能的函数，从而抛弃 C 语言标准库。无论采用哪种方式实现我们需要的功能，应用程序最终只能使用系统调用与内核交互，因为系统规定用户应用程序无法访问其他程序甚至是内核的内存空间，这样也就无法直接访问硬件设备，必须借助系统调用使自己阻塞，由内核来完成应用程序需要的操作，等待内核为其传递所需信息，最后再回到用户应用程序执行。同理，内核将返回的参数放在寄存器中，若参数内容过多，就会将参数结构指针的地址放在寄存器中，此时用户程序可在内存中读出所需的数据内容，继续运行。此外，C 语言标准库将对 I/O 的控制一起封装在函数里，因此我们能通过更安全的方式来处理缓冲控制等操作。不是每个库函数都会进入核心态，但每个系统调用必定会进入核心态。

5.2 Linux 文件系统调用函数

对于内核，所有打开的文件都通过文件描述符引用。文件描述符是一个非负整数，用于标识打开的文件和设备。当打开一个现有文件或创建一个新文件时，内核向进程返回一个文件描述符。当读或写一个文件时，使用 open 或 create 函数返回文件描述符，并将其传递给 read 或 write 函数。当一个程序开始运行时，系统为该程序打开 3 个文件描述符：0（标准输入），1（标准输出），2（标准错误）。

代码 5-1 和代码 5-2 分别为使用 C 语言标准库和系统调用 API 两种方式实现 Linux 文件操作。在当前目录下创建用户可读写文件"hello.txt"，在其中写入"HelloWorld"，关闭文件，当再次打开文件时，读取其中的内容并输出到屏幕上。代码 5-1 使用 C 语言标准库实现 Linux 文件操作，代码 5-2 使用系统调用函数实现 Linux 文件操作。

代码　5-1

```
#include<stdio.h>
#define LENGTH 100

int main(void)
{
    FILE* fd;
    char str[LENGTH];
    fd=fopen("hello.txt","w+");
    if(fd){
        fputs("Hello World",fd);
        fclose(fd);
    }
    fd=fopen("hello.txt","r");
    fgets(str,LENGTH,fd);
    printf("%s\n",str);
    fclose(fd);
    return 0;
}
```

代码　5-2

```
#include<fcntl.h>
#include<stdio.h>

#define LENGTH 100

int main(void){
    int fd,len;
    char str[LENGTH];
    fd=open("hello.txt",O_CREAT|O_RDWR,S_IRUSR|S_IWUSR);
```

```
    if(fd){
        write(fd,"HelloWorld",strlen("HelloWorld"));
        close(fd);
    }
    fd=open("hello.txt",O_RDWR);
    len=read(fd,str,LENGTH);
    str[len]='\0';
    printf("%s\n",str);
    close(fd);
    return 0;
}
```

Linux 的部分系统调用函数说明如下。

1. open 函数

调用 open 函数可以打开或创建一个文件，格式如下：

```
#include<fcntl.h>
int open(const char* pathname,int flags, ... /* mode_t mode */);
```

返回值：若成功则返回文件描述符，若出错则返回 −1。

对于第三个参数，一般情况下，只有在创建文件时才会用到。参数 pathname 指向要打开的文件路径。flags 是文件的打开方式，flags 能使用的常数如下：

- O_RDONLY：以只读方式打开文件。
- O_WRONLY：以只写方式打开文件。
- O_RDWR：以可读写方式打开文件。

以上三个常数是必要且互斥的，即必要且只能指定一个。下列常数是可选择的：

- O_CREAT：若想要打开的文件不存在，则自动建立该文件。
- O_EXCL：如果同时设置 O_CREAT，此指令会检查文件是否存在。若文件不存在，则建立该文件，否则将导致打开文件错误。此外，若 O_CREAT 与 O_EXCL 同时设置，并且欲打开的文件为符号连接，则导致打开文件失败。
- O_NOCTTY：如果欲打开的文件为终端机设备，则不会将该终端机当成进程控制终端机。
- O_TRUNC：若文件存在并且以可写的方式打开，则会使文件长度清（截断）0，而原来存于该文件的资料也会消失。
- O_APPEND：当读写文件时，会从文件尾开始移动，也就是所写入的数据会以附加的方式加到文件后面。
- O_NONBLOCK：以不可阻断的方式打开文件，也就是无论有无数据读取或等待，都会立即返回进程之中。
- O_SYNC：以同步 I/O 的方式打开文件，任何对文件的修改操作都会被阻塞，直至物理磁盘上的数据同步以后才返回。

此外，flags 还有 O_RSYNC、O_DSYNC、O_NOFOLLOW、O_DIRECTORY 等常数值选项，读者可以根据需要查阅相关资料并进行选用。

当 open 函数使用 O_CREAT 来创建一个文件时，必须使用有 3 个参数格式的 open 函数。第 3 个参数 mode 指定文件权限，可由几个标志位进行或操作后得到，这些标志在头文件 sys/stat.h 中定义：

- S_IRWXU 权限：代表该文件所有者具有可读、可写及可执行的权限。
- S_IRUSR 或 S_IREAD 权限：代表该文件所有者具有可读的权限。
- S_IWUSR 或 S_IWRITE 权限：代表该文件所有者具有可写的权限。
- S_IXUSR 或 S_IEXEC 权限：代表该文件所有者具有可执行的权限。
- S_IRWXG 权限：代表该文件用户组具有可读、可写及可执行的权限。
- S_IRGRP 权限：代表该文件用户组具有可读的权限。
- S_IWGRP 权限：代表该文件用户组具有可写的权限。
- S_IXGRP 权限：代表该文件用户组具有可执行的权限。
- S_IRWXO 权限：代表其他用户具有可读、可写及可执行的权限。
- S_IROTH 权限：代表其他用户具有可读的权限。
- S_IWOTH 权限：代表其他用户具有可写的权限。
- S_IXOTH 权限：代表其他用户具有可执行的权限。

示例：

```
open("myfile",O_CREAT,S_IWUSR|S_IXOTH);
```

说明：此行代码的作用是创建一个名为 myfile 的文件，文件所有者拥有它的写操作权限，其他用户拥有它的执行权限。

2. close 函数

close 函数用于关闭一个已打开的文件，格式如下：

```
#include<unistd.h>
int close(int filedes);
```

返回值：若成功返回 0，若出错返回 -1 并设置 errno。

调用 close 函数可以终止一个文件描述符 filedes 与相应文件之间的关联，即文件描述符被释放。此外，需要注意的是，当一个进程结束时，操作系统内核将会对该进程所有尚未关闭的文件调用 close 函数。所以，即使用户程序未调用 close 函数，当其结束时内核也会关闭其打开的所有文件。尽管如此，我们仍然推荐在程序中显式地调用 close 函数，因为在一个长期运行的程序中，随着打开的文件越来越多，大量的文件描述符和系统资源将被占用。

示例：

```
close(1);
```

说明：关闭标准输出文件。

3. read 函数

read 函数用于从打开的文件中读数据，格式如下：

```
#include<unistd.h>
ssize_t read(int fildes,void* buf,size_t nbytes);
```

返回值：若执行成功，返回读到的字节数，若出错返回 −1 并设置 errno。

read 函数的作用是从与文件描述符 filedes 相关联的文件中读取前 nbytes 个字节的数据，并将它们放入 buf 所指的缓冲区中。同时，文件的读写指针会随着读取过程的进行不断后移。如果函数返回值为 0，则表示已经到达文件尾或者没有可读取的数据。如果返回值大于 0，一个建议是将返回的字节数与参数 nbytes 进行比较，若返回的字节数小于 nbytes，则表示有可能读到了文件尾或者读取过程被某个信号中断。

示例：

```
char buf[256];
int read_num = read(0, buf, 128);
```

说明：从标准输入中读入前 128 个字节，并写入 buf 数组中。变量 read_num 中存储实际读入的字节数。

补充知识：流的概念

计算机有很多外部设备，虽然这些设备都和 I/O 操作有关，但每种设备都具有不同的特性和操作协议。操作系统负责实现微处理器和外设的通信细节，并向应用开发程序员提供更为简单和统一的 I/O 接口。比如，Linux 操作系统下的 open()、read()、write() 等系统调用可以让开发者以文件的形式打开并读写一个设备。

ANSIC 进一步对 I/O 的概念进行了抽象。就 C 程序而言，I/O 操作只是从程序移进或者移出字节，这种字节流被称为流。程序员只需要创建正确的输出字节数据，以及正确地解释从输入读取的字节数据。因此流是一个高度抽象的概念，它将数据的输入和输出看作数据的流入和流出。任何 I/O 设备都可以被视为流的源和目的，对它们的操作就是数据的流出和流入。

在 C 语言中，流分为两种类型：文本流和二进制流。

文本流中的数据以字符形式出现。流中的每一个字符对应一个字节，用于存放对应的 ASCII 码值，因此文本流中的数据可以显示和打印出来，这些数据都是用户可以读懂的信息。比如，一串数字"5678"在文本流中的存放形式为（以 ASCII 码为例）00110101001101100011011100111000（5 对应的 ASCII 码值是 53，即 00110101），一共占用 4 个字节。UNIX 系统只使用一个换行符结尾，文本流中不能包含空字符（即 ASCII 码中的 NULL）。

二进制流中的数据是二进制数字序列，若流中有字符，则用一个字节的二进制 ASCII 码表示；若有数字，则用一个字节的二进制数表示。在流入 / 流出时，对换行符等特殊符号不进行变换。这种类型的流适用于非文本数据，若不希望 I/O 函数修改文本文件的行末字符，也可以将它用于文本文件。二进制数据也可在屏幕上显示，但无法读懂其内容。

---

4. write 函数

用 write 函数向打开的文件写入数据，格式如下：

```
#include<unistd.h>
ssize_t write(int fildes,const void* buf,size_t nbytes);
```

返回值：若成功则返回已写的字节数，若出错则返回 −1 并设置 errno。

write 函数的作用是把缓冲区 buf 的前 nbytes 个字节写入与文件描述符 fildes 相关联的文件中。同时，文件读写指针也会相应地移动。如果这个函数的返回值是 0，则表示没有写入任何数据；如果是 −1，则表示在 write 调用中出现了错误，对应的错误代码保存在全局变量 errno 中。

示例：

```
write(1, "Hello World!", 12);
```

说明：向标准输出（显示器）中输出字符串"Hello World！"。

5. mkdir 函数

mkdir 函数用于创建一个目录，格式如下：

```
#include<unistd.h>
#include<sys/types.h>
#include<fcntl.h>
int mkdir(const char* pathname,mode_t mode);
```

返回值：若创建目录成功则返回 0，否则返回 −1。

mkdir 函数根据 mode 所表示的访问权限（详细参见 open 系统调用）创建一个名为 pathname 的目录。

示例：

```
mkdir("mydir", S_IRUSR|S_IWUSR|S_IROTH);
```

说明：创建一个名为 mydir 的目录。文件所有者有读、写权限，其他用户有读权限。

6. opendir 函数

opendir 函数用于打开一个目录，格式如下：

```
#include<dirent.h>
DIR* opendir(const char* pathname);
```

返回值：若目录打开成功，则返回一个 DIR 目录指针，否则返回空指针。

opendir 函数只有一个参数 pathname，用于指定待打开目录的路径。

示例：

```
open("mydir");
```

说明：打开名为 mydir 的目录。

7. closedir 函数

closedir 函数用于关闭一个指定的目录，格式如下：

```
#include<dirent.h>
int closedir(DIR* dirptr);
```

返回值：关闭目录成功则返回 0，否则返回 −1。

closedir 函数有一个参数 dirptr，用于指定要关闭的特定目录。

示例：

```
DIR* dirptr;
dirptr = opendir("mydir");
closedir(dirptr);
```

说明：关闭 dirptr 所指向的目录。

8. rmdir 函数

rmdir 函数用于删除一个指定的目录，格式如下：

```
#include<dirent.h>
int rmdir(char* pathname);
```

返回值：删除目录成功则返回 0，否则返回 −1。

rmdir 函数有一个参数 pathname，用于指定需要删除的目录。

示例：

```
rmdir("mydir");
```

说明：删除名为 mydir 的目录。

5.3　C 语言标准库中的文件 I/O 函数

1. fopen、freopen、fdopen 函数

下面 3 个函数可用于打开一个标准 I/O 流。

```
FILE* fopen(const char* filename,const char* mode);
FILE* freopen(const char* filename,const char* mode,FILE* fp);
FILE* fdopen(int filedes,const char* mode);
```

返回值：打开成功返回指明流的指针，失败则返回空指针 NULL。

以上 3 个函数均能够以参数 mode 所规定的方式打开一个文件。这 3 个函数的区别是：fopen 打开 filename 指定的文件，filename 是该文件的路径名。freopen 函数的功能是将预先打开的流文件（由参数 fp 指定）重定向到用户所指定的文件（由参数 pathname 指定），同时关闭 fp 指定的流中的旧文件。此函数一般用于将一个指定的文件打开为一个预定义的流，例如标准输入流 stdin、标准输出流 stdout 或标准错误输出流 stderr。fdopen() 取一个现存的文件描述符（由参数 filedes 指定），并将其与标准 I/O 流相关联。

参数 mode 的取值如下：

- "rt"：打开一个文本文件，只能读。
- "wt"：生成一个文本文件，只能写。若文件存在则被重写。
- "at"：打开一个文本文件，只能在文件尾部添加。
- "rb"：打开一个二进制文件，只能读。
- "wb"：生成一个二进制文件，只能写。
- "ab"：打开一个二进制文件，只能在文件尾部添加。
- "rt+"：打开一个文本文件，可读可写。
- "wt+"：生成一个文本文件，可读可写。
- "at+"：打开一个文本文件，可读可添加。
- "rb+"：打开一个二进制文件，可读可写。
- "wb+"：生成一个二进制文件，可读可写。
- "ab+"：打开一个二进制文件，可读可添加。

注意：要先定义 FILE* 文件指针名；"文件名"若用 argv[1] 代替，则可使用命令行形式指定文件名。

示例：

```
FILE* fp1 = fopen("myfile1", "rb+");
```

```
FILE* fp2 = freopen("myfile2", "rb+", stdin);
int filedes = open("myfile3", O_RDWR);
FILE* fp3 = fdopen(filedes, "rb+");
```

说明：

fopen 函数以可读写的方式打开二进制文件 myfile1，并返回文件指针到 fp1。

freopen 函数以可读写的方式将文件 myfile2 打开为标准输入流，并返回文件指针到 fp2。

fdopen 函数将文件 myfile3 的文件描述符与标准 I/O 相关联，文件指针返回到 fp3。

2. fread 函数

fread 函数可用于从指定的流中读入一组数据，格式如下：

```
#include<stdio.h>
size_t fread(void* ptr,size_t size,size_t n,FILE* stream);
```

返回值：若执行成功则返回实际读取到的字符总数。

fread 函数从一个文件流（由参数 stream 指定）里读取数据，将数据从已打开的文件流 stream 中读到 ptr 指定的数据缓冲区内。fread 和 fwrite 函数都是对数据记录进行操作，参数 size 指定每个数据记录的长度，参数 n 则给出将要传送的数据记录的个数，因此使用 fread 函数读取的字符总数由 size*n 决定。

示例：

```
fread(&buf, sizeof(char), 10, stream);
```

说明：从 stream 指定的文件流中读取长度为 10 个字符的数据，并送入 buf 指定的数据缓冲区中。

3. fwrite 函数

fwrite 函数用于将一组数据输出到指定的流中，格式如下：

```
#include<stdio.h>
size_t fwrite(const void* ptr,size_t size,size_t n,FILE* stream)
```

返回值：调用成功时返回实际写的数据项数，出错时返回一个短整型数值，可能小于计数。

fwrite 函数可将由参数 ptr 指向的数组中的数据写入由参数 stream 指定的流中。参数 n 给出了需要传送的数据记录的个数，参数 size 则决定了每个数据记录的长度。传送的数据长度为 size*n。

示例：

```
fwrite(&buf,sizeof(char),10,stream);
```

说明：将 buf 所指定的数据区域中长度为 10 个字符的数据写入 stream 指定的文件流中。

4. fclose 函数

fclose 函数用于关闭一个流，格式如下：

```
#include<stdio.h>
int fclose(FILE* stream)
```

返回值：成功返回 0，失败返回 EOF，可以根据返回值判断文件是否关闭成功。

该函数用来关闭一个流，即用于关闭 fopen 函数打开的一个文件。函数执行时将刷新所有与 stream 相关联的缓冲区，释放系统分配的缓冲区，但由 setbuf 设置的缓冲区不能自动释放。

示例：

```
FILE* fp = fopen("myfile", "rb+");
fclose(fp);
```

说明：fclose 函数关闭打开的 myfile 文件。

5. fseek 函数

fseek 函数用于将文件指针移动到指定的位置，格式如下：

```
#include<stdio.h>
int fseek(FILE* stream,long offset,int whence)
```

返回值：成功返回 0，失败返回非 0。

fseek 为文件指针移动函数，用于强制让一个文件的位置指针指向特定的位置（甚至超出文件的尾部）。fseek 函数将与 stream 流关联的文件指针从 whence 指定的起始位置开始，移动 offset 个字节。offset 为正数表示正向偏移，为负数则表示负向偏移。

参数 whence 必须为以下几个常量之一。

● 0 或 SEEK_SET：表示文件开头。

● 1 或 SEEK_CUR：表示当前位置。

● 2 或 SEEK_END：表示文件尾端。

示例：

```
fseek(fp, 128L, 0);
```

说明：将 fp 文件指针移动到距离文件开头 128 字节处。

6. fgetc、getc 和 getchar 函数

3 个函数均可用于从流中读取一个字符的数据，格式如下：

```
#include<stdio.h>
int fgetc(FILE* stream);
int getc(FILE* stream);
int getchar();
```

返回值：若执行成功返回读取到的字符，出错或到达文件尾则返回 EOF。

fgetc 函数的作用是从 stream 所指的文件中读取一个字符，同时将读写位置指针指向下一个字符。fgetc 函数与 getc 函数的作用相同，但函数 getc 可以被实现为一个宏，而 fgetc 不能被实现为一个宏；函数 getchar() 等同于 getc(stdin)。

示例：

```
fgetc(stdin);
getc(stdin);
getchar();
```

说明：以上 3 个函数的作用均为从标准输入流（stdin）中读取一个字符的数据。

7. fputc、putc 和 putchar 函数

这 3 个函数均可用于将一个字符输出到流中，格式如下：

```
#include<stdio.h>
int fputc(int c,FILE* stream);
int putc(int c,FILE*s tream);
int putchar(int c);
```

返回值：若执行成功返回写入数据流的字符，出错返回 EOF。

fputc 函数将字符数据 c 输出到 stream 所指向的文件流中，同时读写指针指向下一个字符。putc 与 fputc 的作用相同，但 putc 能被实现为一个宏，而 fputc 仅能作为函数被调用。

示例：

```
fputc(c, stdout);
putc(c, stdout);
putchar(c);
```

说明：以上 3 个函数的作用均为将字符数据 c 输出到标准输出流 stdout 中。

8. fgets、gets 函数

这两个函数均可用于从流中读入一行数据，格式如下：

```
#include<stdio.h>
char* fgets(char* buf,int n,FILE* stream);
char* gets(char* buf);
```

返回值：若执行成功返回 buf，出错或处于文件尾端则返回 NULL。

fgets 函数从 stream 指定的流中读取一行字符数据，送到 buf 指定的数据缓冲区内，当读取到换行符或者读入 n-1 个字符或者读到文件末尾时，停止读取并返回缓冲区指针 buf。fgets 和 gets 函数的区别是：gets 从标准输入流 stdin 中读取数据，而 fgets 从 stream 指定的流中读取数据。在实际使用时，建议使用 fgets 函数，由于其规定了读入数据的最大长度，因此比 gets 函数更加安全。

示例：

```
FILE* fp = fopen("myfile", "rb+");
fgets(buf, 128, fp);
gets(buf);
```

说明：fgets 函数从 myfile 文件中读入一行数据，送入 buf 所指缓冲区内，若读到换行符、已读入 127 个字节或者读到文件末尾，则停止读入。gets 函数从标准输入流 stdin 中读入一行数据到 buf 缓冲区内。

9. printf、fprintf 和 sprintf 函数

这 3 个函数均可用于向流中输出数据，格式如下：

```
#include<stdio.h>
int printf(const char* format,...);
int fprintf(FILE* stream,const char* format,...);
int sprintf(char* buf,const char* format,...);
```

返回值：若成功则返回写入的字符总数，否则返回一个负数。

其中，参数 format 为格式化的字符串。这 3 个函数的区别是：printf 函数将输出数据送到标准输出设备（一般为屏幕）中，fprintf 函数将输出数据送到由参数 stream 指定的文件流中，sprintf 函数将格式化的字符串送到由参数 buf 指定的字符数组中。

示例：

```
printf("Hello World!");
fprintf(stdout, "Hello World!");
sprintf(buf, "Hello World!");
```

说明：示例代码中的 printf 和 fprintf 函数向标准输出设备输出字符串" Hello World！"；sprintf 函数向字符数组 buf 中写入字符串"Hello World！"。

10. scanf、fscanf 和 sscanf 函数

这 3 个函数均可用于从流中读取数据，格式如下：

```
#include<stdio.h>
int scanf(const char* format,...);
int fscanf(FILE *stream,const char* format,...);
int sscanf(const char* s,const char* format,...);
```

返回值：若成功则返回读取的字符总数，若读到文件末尾或发生读错误则返回 EOF。

其中，参数 format 为格式化的字符串。这 3 个函数的区别是：scanf 函数从标准输入流 stdin 中读入数据，fscanf 函数从参数 stream 指定的流中读入数据，sscanf 函数则从 s 所指向的数据缓冲区中读入数据。

示例：

```
scanf("%c", ch);
fscanf(stdin, "%c", ch);
sscanf(buf, "%c", ch);
```

说明：示例代码中 scanf 和 fscanf 函数从标准输入流 stdin 中读取一个字符到变量 ch 中。sscanf 函数从 buf 指向的缓冲区中读取一个字符到变量 ch 中。

5.4 本章小结

本章主要介绍了文件 I/O 的基本操作，包括系统调用和 C 语言标准库函数两个方面。本章虽然强调理论的讲解，而文件 I/O 操作在实际使用时很容易出现错误，因此本章的难点和重点在于对理论知识的实际操作上。在后续实验中，文件 I/O 相关知识使用较多，读者应参考本章的理论知识多加实践，并能够熟练使用几种重要的文件 I/O 函数。

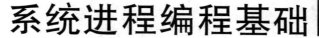

第6章
系统进程编程基础

本章将简要介绍进程与线程的基本概念，分析 Linux 与 Windows 在进程操作方面的异同，并通过实例来分析相关函数的功能和特性。其中，6.3 节将重点分析 Linux 的进程控制函数，6.4 节将重点分析 Windows 的进程控制函数。

6.1 进程的基本概念

6.1.1 进程与进程控制块

1. 引入进程的目的

程序是一个指令序列，是一个静态的概念。但在实际的多道批处理系统中，多个程序并发地执行，且各程序间存在同步与制约等关系，例如，计算（1+2）/3 时，执行加法的程序需优先于执行除法的程序。为了更好地刻画程序间的动态关系，提高系统的资源利用率、增加系统的吞吐量，引入了进程的概念。

2. 进程的概念与组成

进程（Process）是计算机中的程序关于某数据集合的一次运行活动，是系统进行资源分配的基本单位，也是操作系统结构的基础。与程序不同，进程是一个动态的概念。进程由三部分组成：进程控制块（Process Control Block，PCB）、程序段与数据段。进程控制块是存放进程的管理和控制信息的数据结构；程序段是一个指令序列，是能被进程调度程序调度执行的程序代码段；数据段是程序运行过程中产生的相关数据。

3. 进程控制块

进程控制块是操作系统中的一种数据结构，主要表示进程状态。操作系统根据进程控制块对并发执行的进程进行控制和管理。进程控制块通常是系统内存占用区中的一个连续存储区，存放着操作系统用于描述进程情况及控制进程运行所需的全部信息。进程控制块使一个在多道程序环境下不能独立运行的进程成为一个能独立运行的基本单位。

6.1.2 进程状态

1. 进程的五状态模型

进程的基本状态有运行态、就绪态与阻塞态。在三种基本状态的基础上，增加了创建态和结束态，即进程的五状态模型，如图 6-1 所示。

1）创建态：创建一个进程要经过以下几步：①进程申请一个空白 PCB，并向 PCB 填入用于控制和管理进程的信息；②为该进程分配运行时所必需的资源；③把该进程的状态转入就绪态并插入就绪队列。

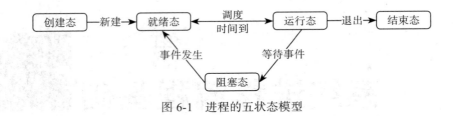

图 6-1   进程的五状态模型

2）就绪态：指进程已处于准备好运行的状态，即进程已经分配到需要的系统资源，只要获得 CPU 就可以执行。

3）阻塞态：由于进程等待某种条件（如 I/O 操作或进程同步），在条件满足之前无法继续执行。也就是说，在该事件发生前，即使把处理器资源分配给该进程，也无法运行。

4）运行态：进程占用处理器资源，处于此状态的进程的数目小于等于处理器的数目。

5）结束态：当一个进程运行到自然结束点或出现了无法克服的错误，又或者被操作系统终结，则进入结束态。进程的结束状态有以下两步：①等待操作系统做善后处理；②将其 PCB 清零并将 PCB 空间返还给系统。

需要注意就绪态与阻塞态的区别：处于就绪态的进程已分配到运行所需要的系统资源，而阻塞态缺少部分运行所需要的系统资源。

2. 进程状态的转换

进程的基本状态（就绪态、运行态、阻塞态）间的转换条件如下：

1）就绪态→运行态。当处理器资源（CPU）空闲时，通过进程调度选取位于就绪队列中的就绪态进程，为其分配处理器资源，该进程状态由就绪态转换为运行态。

2）运行态→就绪态。处于运行态的进程，由于时间片用完或被更高优先级的进程剥夺使用权后，该进程让出处理器资源，状态由运行态转换为就绪态。

3）运行态→阻塞态。处于运行态的进程，由于等待某种事件（如 I/O 操作或进程同步）的发生，该进程让出处理器资源，状态由运行态转换为阻塞态。

4）阻塞态→就绪态。处于阻塞态的进程，所等待的事件发生（如 I/O 操作结束），该进程状态由阻塞态转换为就绪态。

需要注意的是，进程从运行态转换为阻塞态是主动行为，而从阻塞态转换为就绪态是被动行为。

6.2　进程与线程

6.2.1　线程的基本概念

1. 引入线程的目的

随着多处理器系统的发展，进程在处理器间切换所需的时空开销越来越大。为了减少进程在处理器间切换时所需的时空开销，进一步提高系统的并发性，引入了线程的概念。

2. 线程的概念

线程（Thread）是操作系统能够进行运算调度的最小单位，它包含在进程之中，是进程中的实际运作单位，如图 6-2 所示。线程可以理解为轻量级进程，由线程控制块和系统堆栈组成。线程自身几乎不拥有系统资源，但和它处于同一进程中的其他线程共享该进程拥有的全部资源。一个进程内部有多个线程，发生在同一个进程内的线程切换只需要很少的时空开销，从而提升了系统的并发性。

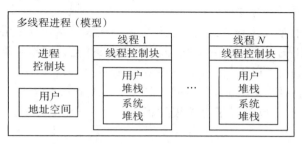

图 6-2　多线程进程模型

6.2.2　线程与进程的比较

1. 调度

引入线程前，进程是系统进行调度与资源分配的基本单位。引入线程后，线程是调度和分派的基本单位，进程是系统拥有资源的基本单位。

2. 拥有资源

进程是系统进行资源分配的基本单位，而线程自身几乎不拥有系统资源（除了一点必不可少的资源）。线程可以访问它所处进程所拥有的全部资源。

3. 系统开销

进程切换时涉及拥有资源的处理，开销较大；而线程几乎不拥有系统资源，在切换时只需要保存少量寄存器的内容，开销较小。

4. 并发性

引入线程后，不仅进程间可以并发执行，而且同一个进程内的线程也可以并发执行，这使得系统的并发性得到进一步提升。

6.2.3　线程分类与多线程模型

线程可以分为两类：用户级线程与内核级线程。多线程模型指的是实现用户级线程和内核级线程的连接方式。

1. 用户级线程（多对一模型）

用户级线程把整个线程实现部分放在用户空间，内核对线程一无所知，内核可见的就是一个单线程进程，如图 6-3a 所示。

与内核级线程相比，用户级线程的优点是切换耗时短，因为用户级线程间的切换无须进入内核态执行。用户级线程的缺点是一个线程阻塞，则该进程中其他线程也会阻塞。

2. 内核级线程（一对一模型）

内核线程的建立和销毁都由操作系统负责，是通过系统调用完成的。在内核的支持下，无论是用户进程的线程还是系统进程的线程，它们的创建、撤销、切换都依靠内核实现，如图 6-3b 所示。

与用户级线程相比内核级线程的优点是并发能力较强，当一个线程阻塞时，能够切换到同一进程内的其他线程继续执行。内核级线程的缺点是开销较大，因为其每创建一个用户级线程都需要创建一个内核级线程与之对应。

3. 二者组合的方式（多对多模型）

在一些系统中，会使用组合方式的多线程实现。线程创建完全在用户空间完成，线程的调度和同步也在应用程序中进行。一个应用程序中的多个用户级线程被映射到一些（小于或等于用户级线程的数目）内核级线程上，如图 6-3c 所示。

用户级线程与内核级线程组合的方式（多对多模型）既克服了用户级线程（多对一模型）并发度不高的缺点，也克服了内核级线程（一对一模型）开销太大的缺点，是较优的选择。

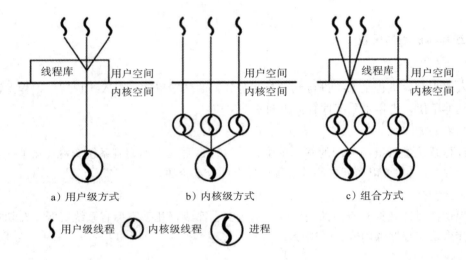

图 6-3   用户级线程与内核级线程

6.3   Linux 进程的创建与管理

6.3.1   fork 函数

由一个现存进程调用 fork 函数是 Linux 内核创建一个用户新进程的唯一方法。

fork 函数的格式如下：

```
#include<unistd.h>
pid_t fork(void);
```

返回值：子进程中为 0，父进程中为子进程 ID，出错为 -1。

由 fork 函数创建的新进程称为子进程（childprocess）。该函数被调用一次，在父进程和子进程中各返回一次。在子进程中的返回值是 0，在父进程中的返回值是新子进程的进程 ID。将子进程 ID 返回给父进程的理由是：一个进程的子进程可以多于一个，但是没有一个函数可以使一个进程获得其所有子进程的进程 ID。fork 使子进程得到返回值 0 的理由是：一个进程只会有一个父进程，所以子进程总是可以调用 getpid 函数以获得其父进程的进程 ID。

6.3.2　wait 和 waitpid 函数

wait 和 waitpid 函数为用户提供了一个使父进程获取子进程退出状态的方法。其格式如下：

```
#include<sys/types.h>
#include<sys/wait.h>
pid_t wait(int* statloc);
pid_t waitpid(pid_t pid, int* statloc, int options);
```

返回值：若成功则为进程 ID，若出错则为 −1。

调用 wait 或 waitpid 函数的进程可能出现以下几种状态：

1）如果存在其他子进程，并且这些子进程还在运行，则会出现阻塞状态。

2）如果一个子进程已终止，则表示正等待父进程存取其终止状态。

3）如果该进程没有任何子进程，则表示出错，立即返回。

这两个函数的区别在于：wait 函数使其调用者阻塞等待返回，而 waitpid 函数有一个选择项，可通过该选择项使调用者不阻塞。此外，waitpid 函数可以不等待第一个终止的子进程，而是等待参数 pid 指向的那个进程。

如果一个子进程已经终止，该子进程就是一个僵尸进程，则 wait 立即返回并取得该子进程的状态，否则 wait 使其调用者阻塞，直到一个子进程终止。如果调用者阻塞，并且它有多个子进程，那么其中一个子进程终止时，wait 会立即返回。

这两个函数的参数 statloc 是一个整型指针，用来存放子进程的结束状态。如果不关心终止状态，则可将该参数指定为空指针。

前面已经提到，waitpid 函数中的参数 pid 用来指定要等待的进程，该参数的值与功能如表 6-1 所示。

表 6-1　参数 pid 值的功能对应表

参数 pid 的值	功　　能
−1	等待任一子进程，该功能与 waitpid 与 wait 等效
>0	等待进程 ID 与 pid 相等的子进程
0	等待组 ID 等于调用进程的组 ID 的任一子进程
<−1	等待组 ID 等于 pid 的绝对值的任一进程

waitpid 函数执行后，会返回终止子进程的进程 ID。对于 wait 函数，其出错的唯一原因是调用的进程没有子进程（函数调用被一个信号中断的情况除外）。但是，对于 waitpid 函数，其出错原因除了调用进程没有子进程外，还可能是因为参数 pid 指定的进程不存在。

waitpid 函数中的 option 参数能进一步控制 waitpid 函数的操作。此参数可以为 0，也可以是表 6-2 中常量按位或运算的结果。

表 6-2　option 对应的参数说明

option 常数	说　　明
WNOHANG	若 pid 指定的子进程并不立即可用，则 waitpid 不阻塞，此时其返回值为 0
WUNTRACED	若实现支持作业控制，而 pid 指定的任一子进程已暂停，且其状态尚未报告，则返回其状态
WIFSTOPPED	确定返回值是否对应于一个暂停子进程

6.3.3　exec 函数

exec 是一组函数，它通常用来将进程的映像替换成新的程序文件。exec 并不创建新的进程，而是沿用原先进程的进程 ID 号。例如，调用 fork 函数创建子进程，子进程再调用 exec 执行新的程序。这时，新程序执行的进程 ID 不变，但是会完全替代原先的子进程，使用新的程序替换当前进程的正文、数据、堆和栈。

有如下六种 exec 函数可供使用。

所需头文件：#include<unistd.h>

函数原型

```
int execl(const char* pathname, const char* arg0, .../*(char*)0*/);
int execv(const char* pathname, const char* argv[]);
int execle(const char* pathname, const char* arg0,.../*(char*)0,
    const char* envp[]*/);
int execve(const char* pathname, const char* argv[], const char* envp[]);
int execlp(const char* filename, const char* arg0, .../*(char*)0*/);
int execvp(const char* filename, const char* argv[]);
```

返回值：若出错则为 −1，失败原因记录在 error 中。若成功则不返回。

这些函数的第一个区别是前四个函数以路径名作为参数，后两个函数以文件名作为参数。对于后两个函数，会在 PATH 环境变量指定的目录下寻找可执行文件。但是，如果 filename 也包含了文件路径，就会在该路径下寻找指定的可执行文件来执行。

这些函数的第二个区别与参数表的传递有关（函数名中的 l 表示表（list），v 表示矢量（vector））。函数 execl、execlp 和 execle 要求将新程序的每个命令行参数都说明为一个单独的参数，这种参数表以空指针结尾。对于另外三个函数（execv，execvp，execve），应先构造一个指向各参数的指针数组，然后将该数组地址作为这三个函数的参数。如果一个整型数的长度与 char* 的长度不同，则 exec 函数的实际参数将会出错。

最后一个区别与向新程序传递环境表相关。以 e 结尾的两个函数（execle 和 execve）可以传递一个指向环境字符串指针数组的指针。其他四个函数则使用调用进程中的 environ 变量为新程序复制现有的环境。一般情况下，一个进程允许将其环境传播给其子进程，但有时进程希望为子进程指定一个确定的环境。

6.4　Windows 进程创建与终止

6.4.1　CreateProcess 函数

CreateProcess 函数是 WIN32 API 函数，其原型如代码 6-1 所示。

代码　6-1

```
BOOL  CreateProcess(
    LPCTSTR  lpApplicationName,
    LPTSTR   IpCommandLine,
    LPSECURITY_ATTRIBUTES  IpProcessAttributes,
    LPSECURITY_ATTRIBUTES  lpThreadAttributes,
    BOOL  blnheritHandles,
    DWORD  dwCreationFlags,
    LPVOID  IpEnvironment,
    LPCTSTR  IpCurrentDirectory,
```

```
        LPSTARTUPINFO   lpStartupInfo,
        LPPROCESS_INFORMATION   lpProcessInformation
    );
```

与 Linux 不同的是，Windows 下创建进程的函数 CreateProcess 会告诉系统程序要运行哪个进程，没有了 Linux 下先复制父进程的数据再执行新程序的过程。此外，Windows 创建进程时允许用户规定更多参数。这里，我们简单介绍一些必要的参数，并与 Linux 下的函数加以比较。如果读者对其他参数感兴趣，可以查阅相关的资料。

- IpApplicationName：指向用来指定可执行模块（文件）的字符串，该字符串要以 NULL 结尾。
- IpCommandLine：指定要执行的命令行，必须以 NULL 结尾。
- IpEnvironment：指向一个新进程的环境块。如果此参数为空，则新进程使用调用进程的环境，必须以 NULL 结尾。
- IpCurrentDirectory：指向以 NULL 结尾的字符串，这个字符串用来指定子进程的工作路径。该路径必须是包含驱动器名的绝对路径。如果这个参数为空，新进程将使用与调用进程相同的驱动器和目录。

6.4.2 ExitProcess 函数

Windows 和 Linux 在程序退出时都可以使用 C 语言标准库中的 exit 函数。此外，Windows 下还提供了 ExitProcess 函数来结束一个进程和它的所有线程。其函数原型如下：

```
VOID ExltProcess(UINT uExitCode);
```

ExitProcess 语句与 exit 和 return 语句有一定的区别，具体实例分析见代码 6-2。

代码 6-2

```
#include <stdio.h>
#include <windows.h>
class Test
{
    int id;                             //Test 对象的编号
public:
    Test(int t_id)
    {
        id=t_id;
        printf ("construct test %d\n", id);
    };
    ~Test()
        printf ("destruct test %d\n", id);
    };
};
Test t1(1);        // 创建全局 Test 对象 t1
int main(int argc, char* argv[])
{
    Test t2(2);                         // 创建局部 Test 对象 t2
    Test t3(3);                         // 创建局部 Test 对象 t3
    printf("main functlon !\n");
    return 0;                           // 使用 return 语句终止进程
    exit (0);                           // 使用 exit 语句终止进程
    ExitProcess (0);                    // 使用 ExitProcess 语句终止进程
}
```

使用 return 语句、exit 语句和 ExitProcess 语句的运行结果如图 6-4 所示。

使用 return 语句	使用 exit 语句	使用 ExitProcess 语句
construct test 1	construct test 1	construct test 1
construct test 2	construct test 2	construct test 2
construct test 3	construct test 3	construct test 3
main function !	main function !	main function !
destruct test 3	destruct test 1	
destruct test 2		
destruct test 1		

图 6-4　使用 return 语句、exit 语句和 Exit Process 语句的运行结果

由运行结果可以看到，return 函数可以正确析构全部对象，exit 只会析构 main 函数内的对象，而 ExitProcess 则不会析构任何对象。

6.5　本章小结

本章首先介绍了进程的基本知识，包括进程的概念与进程的五状态模型；接着介绍了线程的基本知识，包括线程的概念、线程与进程的比较、线程的分类与多线程模型；最后讲解了 Linux 和 Windows 的进程管理函数，包括 Linux 的 fork、wait、exec 函数，以及 Windows 的 CreateProcess 和 ExitProcess 函数。了解如何使用进程管理函数是本章的重点，读者应该重点掌握进程的创建、终止以及父子进程的同步等操作。

第 7 章
C 语言调试技术

本章主要讲解不同平台下的调试技术，涉及 Windows 下基于 Dev C++ 和 VS2015 的调试以及 Linux 下的 GDB 命令行调试和 DDD 图形界面调试。

7.1 Linux 与 Windows 下的 C 语言开发环境

本节将对 Linux 下 C 语言的开发环境与 Windows 系统下 C 语言的开发环境进行对比、分析。

1. Linux 下的 C 语言开发环境

大部分 Linux 核心代码以及 Linux 系统上的大部分程序都是用 C 语言编写的，包括一些著名的服务软件，比如 MySQL（免费开源数据库）、Apache（Web 服务器）等。本书采用的 Linux 编程环境如下：

- 编辑器：vim

  关于 vim 编辑器的详细内容参见第 4 章。

- 编译器：GCC

  GCC（GNU Compiler Collection）是 GNU 编译器集合，是一套由 GNU 开发的编程语言编译器。GCC 最初是为 GNU 操作系统专门编写的一款编译器，现已被大多数类 UNIX 操作系统（如 Linux、BSD、MacOS X 等）采纳为标准编译器，在 Windows 环境下也可以使用。它支持 C、C++、Fortran、Pascal、Java 等多种编程语言。

- 命令行调试器：GDB

  GDB（GNU Debugger）是 GNU 开源组织发布的 UNIX 下的命令行程序调试工具。相比 Windows 的 VC、VS 的界面调试，GDB 的优势在于命令行可以形成执行序列，从而形成脚本。

- 图形界面调试器：DDD

  GNU DDD（Data Display Debugger）是命令行调试程序（如 GDB、DBX、WDB 等）的可视化图形前端。它特有的图形数据显示功能（Graphical Data Display）可以把数据结构以可视化的方式显示出来。

- 软件维护工具：Make 工具和 Makefile 文件

  Makefile 文件描述整个工程中所有文件的编译顺序、编译规则，包括：工程中的哪些源文件需要编译以及如何编译、需要创建哪些库文件以及如何创建这些库文件、如何生成想要的可执行文件等。Makefile 文件有自己的编写规范、关键字和函数等，在 Makefile 中甚至可以使用系统 shell 所提供的命令来完成工作。

  Make 工具是一个解释 Makefile 中指令的命令工具。一般来说，大多数 IDE 都有这个命令，如 Delph 的 make、VC 的 nmake、GNU 的 make。

通过编写 Makefile 文件可以实现自动化编译，极大提高软件开发效率。

2. Windows 下的 C 语言开发环境

本书采用的 Windows 编程环境如下：

● 集成开发环境（IDE）：VS 2015 / Dev C++
● 操作系统：Windows 10
● 语言标准：C99

7.2   Windows 下基于 Dev C++ 和 VS2015 的调试

Dev C++ 和 Visual Studio 是 Windows 环境下编写 C/C++ 程序常用的集成开发环境（IDE）。
VS2015 下调试程序的步骤如下：

1）新建项目：打开菜单栏，单击"文件→新建→项目"选项，在弹出窗口中选择
"Win32 控制台应用程序"模板，在下面的"名称"文本框中输入项目名，在"位置"文本
框中给出项目的存储目录，如图 7-1 所示。（注意：这里不能选择"空项目"模板，否则程序
只能运行，不能调试。）

2）单击"确定"，进入如图 7-2 所示界面，选择"控制台应用程序"，在"附加选项"
处选"空项目"，并取消默认勾选的"安全开发生命周期（SDL）检查"，以免 SDL 强制以
Error 的形式对某些 Warning 进行约束，导致程序编译不通过。最后单击"完成"按钮。

3）在项目名称处单击鼠标右键，如图 7-3 所示，选择"添加→新建项"选项。

4）在如图 7-4 所示对话框中，单击选中"C++ 文件 (.cpp)"文件类型，在"名称"部分
填入文件名称（通过修改文件扩展名为".c"来创建 C 文件），单击"添加"按钮。

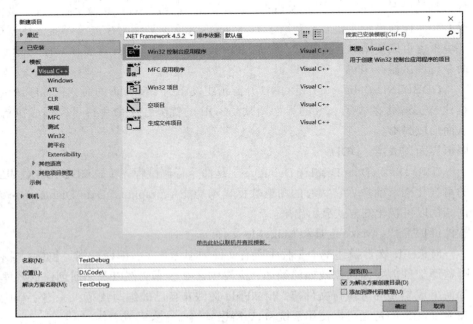

图 7-1   VS 2015 新建项目界面

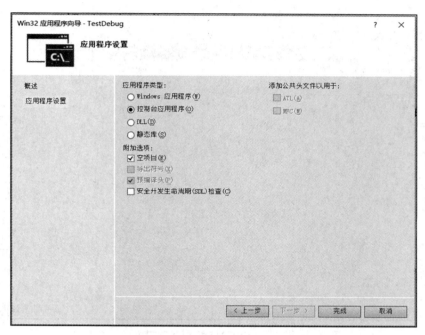

图 7-2　VS 2015 新建项目补充选项选择界面

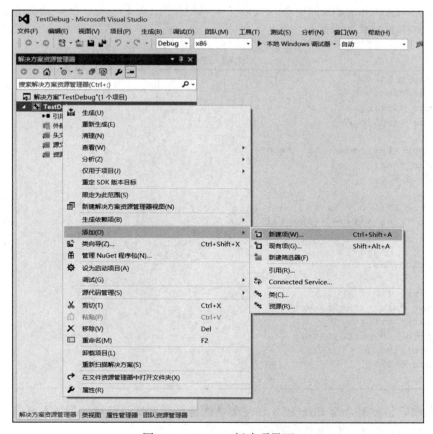

图 7-3　VS 2015 新建项界面

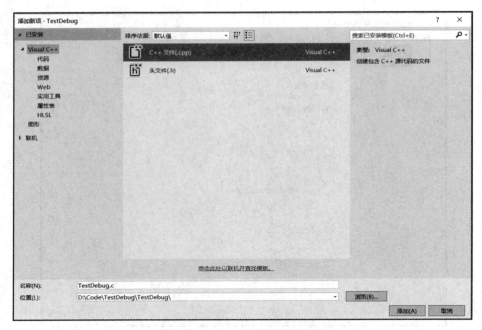

图 7-4   VS 2015 添加新项界面

在新建的 TestDebug.c 文件中写入代码 7-1。该程序实现了一个字符串复制函数，功能是将传入的字符串复制到新空间并返回。

代码   7-1

```c
//strcpy 功能实现
#include <stdio.h>
#include <string.h>
#include <stdlib.h>

char *MyStrCpy(const char *src){
    char *des;
    int i = 0;

    while (*(src + i) != '\0') {
        *(des + i) = *(src + i);
        ++i;
    }
    return des;
}
int main() {
    char *str = "Hello World";
    char *strCp;
    strCp = MyStrCpy(str);
    puts(strCp);
    return 0;
}
```

输入完成后，按组合键 Ctrl+F5（或在菜单栏选择"调试→开始执行（不调试）"）运行程序，运行时编译器报错，如图 7-5 所示。

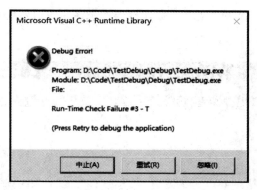

图 7-5　编译报错

5）下面通过调试定位程序错误。在调试之前，需检查确定项目为 Debug 版本，如图 7-6 所示。

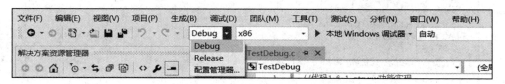

图 7-6　检查项目版本界面

6）按 F9 键（或单击代码左侧细栏）可设置断点，这里选择在子函数入口处设置断点，如图 7-7 所示。

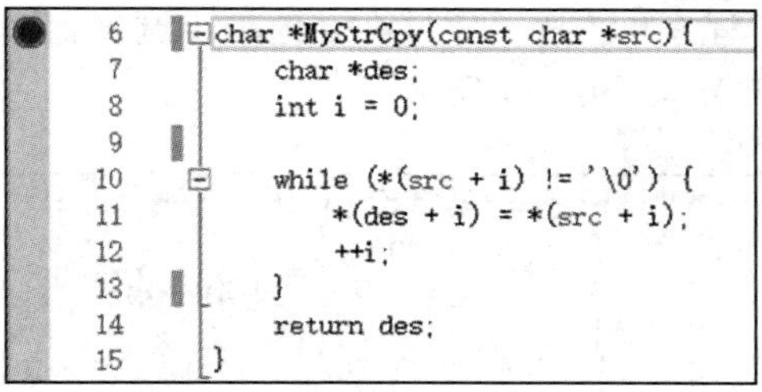

```
 6  □char *MyStrCpy(const char *src){
 7      char *des;
 8      int i = 0;
 9
10  □    while (*(src + i) != '\0') {
11          *(des + i) = *(src + i);
12          ++i;
13      }
14      return des;
15  }
```

图 7-7　子函数入口设置断点界面

7）按 F5 键（或单击菜单栏"调试→开始调试"）开始调试程序，程序会在断点处（箭头图标提示当前程序运行位置）中断，如图 7-8 所示。

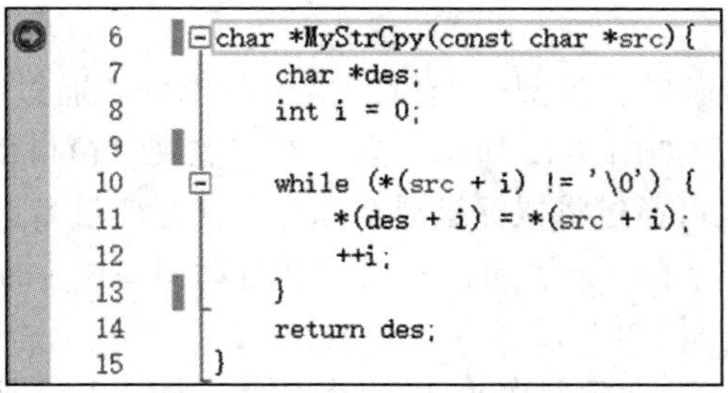

```
 6  □char *MyStrCpy(const char *src){
 7      char *des;
 8      int i = 0;
 9
10  □    while (*(src + i) != '\0') {
11          *(des + i) = *(src + i);
12          ++i;
13      }
14      return des;
15  }
```

图 7-8　断点调试界面

8）通过界面下方的"自动窗口""调用堆栈"等窗口可以查看相关信息，如图 7-9 和图 7-10 所示。

图 7-9　自动窗口监视器界面

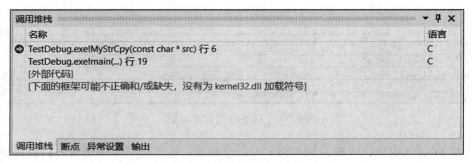

图 7-10　调用堆栈监视器界面

9）按 F10 键单步执行程序（注意：通过 F10 键单步调试程序不会进入函数内部，而通过 F11 键会跟踪到函数内部），如图 7-11 所示。

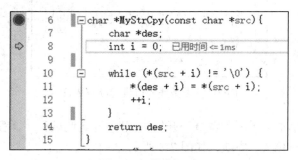

图 7-11　单步调试

10）这时可以在自动窗口看到部分变量的情况，也可以通过在"监视"窗口填入需要监视的变量名来监视变量。如图 7-12 所示，这里在"监视"窗口依次填入 des、src 字符串，以及局部变量 i。此外，也可通过将鼠标悬浮至源程序任意变量名上以查看对应变量值。

11）按 F10 键继续执行下一条语句，可以看到自动窗口中 i 的值变成了 0，并以红色标出，表示该变量值改变了，如图 7-13 所示。

12）继续单步执行（按 F10 键两次），编译器报错，如图 7-14 所示。

图 7-12　监视器 1 界面

图 7-13　监视 1 窗口变量值变化界面

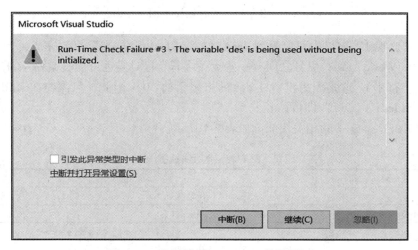

图 7-14　编译器报 Run-Time 错误界面

13）根据提示可知，出错原因是 des 没有定义，导致内存访问错误。内存访问错误在 Windows 下一般报 Run-Time 错误，在 Linux 下报段错误（segment fault）。单击"中断"，按组合键 Shift+F5 停止调试。检查代码可知，des 没有初始化，需要给 des 开辟新空间。因此，在 while 循环前添加一条"des = (char*)malloc(sizeof(src));"语句，如图 7-15 所示。

14）初始化语句添加完成后，按组合键 Ctrl+F5 运行。运行结果依然不正确，如图 7-16 所示。

```
6   □char *MyStrCpy(const char *src){
7        char *des;
8        int i = 0;
9
10       des = (char*)malloc(sizeof(src));
11  □    while (*(src + i) != '\0') {
12           *(des + i) = *(src + i);
13           ++i;
14       }
15       return des;
16  }
```

图 7-15　des 初始化界面　　　　　　　　　　　图 7-16　运行结果错误

15）重新调试，查看程序运行时的变量变化。仍然监视变量 des、i 以及 src，运行程序，直到变量 i 值变为 11，如图 7-17 所示。

图 7-17　重新调试界面

此时在"监视 1"窗口中可以看到 des 已经将" Hello World"复制完成，但是在 des 的值中，" Hello World"到右引号之间有一些无关字符（有时候也可能是空白字符、不可预见字符或无效字符串），这是因为没有在 des 的末尾添加 '\0'。因此，只需要在 while 语句后面添加语句" *(des+i) = '\0' "即可。

VS 2015 和 Dev C++ 的相关快捷键如表 7-1 所示。

表 7-1　常用快捷键

快　捷　键	功　　能
F5	开始调试
Shift+F5	停止调试
F10	单步执行程序，不进入函数内部
F11	单步执行程序，跟进到函数内部
Shift + F11	从当前函数中跳出
Ctrl + F10	调试到光标所在位置
F9	设置（取消）断点
Alt + F9	高级断点设置

7.3　Linux 下的 GDB 命令行调试

本节将介绍 Linux 下 GDB 命令行调试的具体步骤。我们使用代码 7-2 来说明 GDB 的调试方法，该程序的功能是求一个含有十个元素的数组的和并打印结果。

代码　7-2

```
// 源程序: test_gdb.c
#include <stdio.h>
int CalcSum(int arr[], int num) {
    int i;
    int sum;
    for (i = 0; i < num; ++i) {
        sum = sum + arr[i];
    }
    return sum;
}
int main() {
    int arr[10] = {1, 5, 7, 2, 4, 3, 4, 0, 10, 9};
    int sum = CalcSum (arr, 10);
    printf("%d\n", sum);
    return 0;
}
```

1）将上面的代码保存为 test_gdb.c 文件，编译完成后运行，如图 7-18 所示。

```
user@ubuntu:~$ gcc test_gdb.c -o test_gdb
user@ubuntu:~$ ./test_gdb
32593
```

图 7-18　编译运行源程序

2）运行结果错误，下面开始调试程序。执行命令“ gcc –g test_gdb.c –o test_gdb”，注意这里必须加入 –g 参数才能使用 GDB 调试，其结果是生成可调试的可执行文件 test_gdb。编译完成即可输入“gdb test_gdb”命令进入调试，如图 7-19 所示。

```
user@ubuntu:~$ gcc -g test_gdb.c -o test_gdb
user@ubuntu:~$ gdb test_gdb
GNU gdb (Ubuntu 8.1-0ubuntu3.2) 8.1.0.20180409-git
Copyright (C) 2018 Free Software Foundation, Inc.
License GPLv3+: GNU GPL version 3 or later <http://gnu.org/licenses/gpl.html>
This is free software: you are free to change and redistribute it.
There is NO WARRANTY, to the extent permitted by law.  Type "show copying"
and "show warranty" for details.
This GDB was configured as "x86_64-linux-gnu".
Type "show configuration" for configuration details.
For bug reporting instructions, please see:
<http://www.gnu.org/software/gdb/bugs/>.
Find the GDB manual and other documentation resources online at:
<http://www.gnu.org/software/gdb/documentation/>.
For help, type "help".
Type "apropos word" to search for commands related to "word"...
Reading symbols from test_gdb...done.
(gdb)
```

图 7-19　编译调试源程序

3）输入 list 命令，会从上次结束位置打印 10 行代码。按下回车键表示重复上一次命令（即 list 命令），即从第 11 行开始打印 10 行代码，如图 7-20 所示。

```
(gdb) list
1        //源程序：test_gdb.c
2        #include <stdio.h>
3        int CalcSum(int arr[], int num) {
4                int i;
5                int sum;
6                for (i = 0; i < num; ++i) {
7                        sum = sum + arr[i];
8                 }
9                return sum;
10       }
(gdb)
11       int main() {
12               int arr[10] = {1, 5, 7, 2, 4, 3, 4, 0, 10, 9};
13               int sum = CalcSum (arr, 10);
14               printf("%d\n", sum);
15               return 0;
16       }
17
(gdb)
Line number 18 out of range; test_gdb.c has 17 lines.
(gdb)
```

图 7-20 list 命令打印源代码

4）使用 break 命令设置断点，这里依次在代码第 13 行以及 CalcSum 函数入口设置了断点，并使用 info break 命令来查看断点信息，如图 7-21 所示。

```
Line number 18 out of range; test_gdb.c has 17 lines.
(gdb) break 13
Breakpoint 1 at 0x745: file test_gdb.c, line 13.
(gdb) break CalcSum
Breakpoint 2 at 0x6b5: file test_gdb.c, line 6.
(gdb) info break
Num     Type           Disp Enb Address            What
1       breakpoint     keep y   0x0000000000000745 in main at test_gdb.c:13
2       breakpoint     keep y   0x00000000000006b5 in CalcSum at test_gdb.c:6
(gdb)
```

图 7-21 设置并查看断点

5）输入 run 命令运行程序，程序会在所设的断点处中断。然后，依次输入 step 命令（若有函数则进入函数体）以及 next 命令（有函数调用时不会进入函数体）运行下一条语句，如图 7-22 所示。

6）输入 info locals 命令查看局部变量，也可使用 print 命令打印指定变量的值，还可以用 watch 命令监视指定变量。这里对 sum 变量设置了监视，如图 7-23 所示。

7）输入 next 命令继续执行下一条语句。此外，还可以使用 continue 命令继续执行程序。使用 continue 命令时，程序会在被监视变量的值发生改变或运行到断点时停下，并自动打印变量的改变情况，如图 7-24 所示。

```
(gdb) run
Starting program: /home/user/test_gdb

Breakpoint 1, main () at test_gdb.c:13
13              int sum = CalcSum (arr, 10);
(gdb) step

Breakpoint 2, CalcSum (arr=0x7fffffffdfc0, num=10) at test_gdb.c:6
6               for (i = 0; i < num; ++i) {
(gdb) next
7               sum = sum + arr[i];
(gdb)
```

图 7-22　单步运行程序

```
(gdb) info locals
i = 0
sum = 32767
(gdb) print sum
$1 = 32767
(gdb) watch sum
Hardware watchpoint 3: sum
(gdb)
```

图 7-23　查看与监视变量

```
(gdb) next
6               for (i = 0; i < num; ++i) {
(gdb) continue
Continuing.

Hardware watchpoint 3: sum

Old value = 32767
New value = 32773
CalcSum (arr=0x7fffffffdfc0, num=10) at test_gdb.c:6
6               for (i = 0; i < num; ++i) {
(gdb)
```

图 7-24　监视变量值变化

　　根据图 7-24 的运行结果，sum 变量的初始值为 32767，分析可知，该初始值不符合程序逻辑。输入 quit，再输入 y 确认退出 GDB 调试。通过检查代码可知，sum 变量未初始化。在 for 循环之前将 sum 初始化为零，编译保存并再次运行即可得到正确答案。

　　GDB 的常用命令见表 7-2，完整的命令说明请查阅官方文档。注意，若命令的前缀没有二义性，均可以用缩写的形式，如 l 表示 list、r 表示 run 等。

表 7-2   GDB 的常用命令说明

命　令	说　明
help	获得帮助，例如通过 help list 命令可获得 list 的详细帮助
file <filename>	进入 GDB，若没有载入程序，可用这个命令载入
list	打印 10 行代码；list n, m 表示打印从 n 行到 m 行的代码
break	设定断点，可以是行号、函数名等
clear	清除所有断点
delete <num>	删除第 num 号断点
run	运行程序，开始调试
next	单步运行，不进入函数体
step	单步运行，会进入函数体
finish	返回调用的函数中
continue	继续执行，直到被监视变量值变化或遇到断点，或程序结束
print <variable>	打印变量当前值
watch <variable>	监视变量
display <variable>	显示变量，每次在调试到暂停的时候都会显示该值
info	查看信息，info break 表示查看断点信息，info program 表示查看程序信息
kill	终止正在调试的程序
quit	退出 GDB

7.4 Linux 下基于 DDD 的图形界面调试

本节将介绍 Linux 下 DDD 图形界面调试工具的使用。我们使用代码 7-3 来说明 DDD 的调试方法，该程序实现一个冒泡排序算法，用于将给定数组从大到小排序。

代码　7-3

```c
#include <stdio.h>
#define N 5
int main(){
    int nums[N] = {5, 20, 31, 10, 8};
    int i,j,k;

    for(i = 0; i < N; i++){
        for(j = 0;j < N-i;j++){
            if(nums[j] < nums[j+1]){
            k = nums[j+1];
            nums[j+1] = nums[j];
            nums[j] = k;
            }
        }
    }
    for(i = 0; i < N; i++){
        printf("%d ",nums[i]);
    }
    printf("\n");
    return 0;
}
```

1）将代码 7-3 保存为 test_ddd.c 文件，编译运行后发现结果错误，如图 7-25 所示。为了执行调试过程，我们还需使用" gcc -g test_ddd.c -o test_dd"语句把 test_ddd.c 文件编译成可调试的可执行文件。注意，需使用 -g 参数，否则生成的可执行文件中没有必要的调试信息，不能使用 DDD 工具调试。

```
user@ubuntu:~$ gcc test_ddd.c -o test_ddd
user@ubuntu:~$ ./test_ddd
32765 31 20 10 8
```

图 7-25　test_ddd.c 编译运行结果错误

2）在 Linux 终端输入" sudo apt-get install ddd"后按回车键，即可安装 DDD 调试工具。安装完成之后在终端直接输入 DDD，按回车键即可进入 DDD 调试界面，如图 7-26 所示。

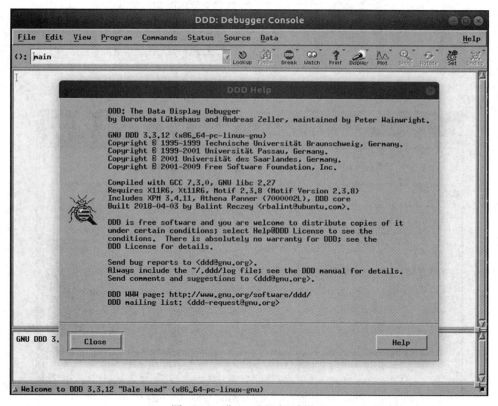

图 7-26　进入 DDD 调试界面

3）在菜单栏依次单击" File"→" Open Program"，在弹出的 Open Program 窗口的" Directories"中找到 test_ddd 可执行文件的存储路径，并在" Files"中选中 test_ddd 文件，如图 7-27 所示。

4）单击" Open"导入程序，进入 DDD 的主窗口，如图 7-28 所示。DDD 主窗口主要由菜单栏、工具条、数据窗口、源文件窗口、命令工具栏和控制台等部分组成。其中，数据窗口用于观察复杂的数据结构；源文件窗口用于显示源代码、断点和当前程序执行的位置；

在控制台里，用户可以与 DDD 内置调试器的命令行接口进行交互，等同于执行命令工具栏中的命令。

图 7-27   导入待调试程序 test_ddd

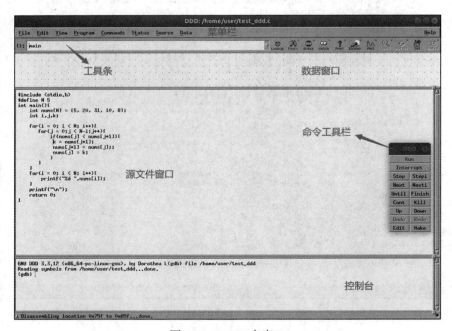

图 7-28   DDD 主窗口

5）在源文件窗口中，在欲插入断点的代码行上单击鼠标左键，然后单击工具条中"Break"按钮（或鼠标右键在弹出的窗口中选择"set breakpoint"），即可在对应行设置断点。设置成功后，"Break"按钮将变为"Clear"按钮。如图 7-29 所示，这里在 if 判断语句处插入断点。

6）断点设置完毕，单击命令工具栏中"Run"按钮开始调试程序，程序将在所设的断点处中断。同 VS 2015 一样，箭头图标指示当前程序的执行位置，如图 7-30 所示。

7）在 DDD 中，同样可以对变量进行监视。用鼠标左键选中欲监视的变量名，然后在工具条中单击"Watch"按钮，即可对指定变量设置监视，此时"Watch"按钮将变为"Unwatch"按钮。在这里对变量 j 和数组 nums 设置了监视，如图 7-31 所示。

```
(): test_ddd.c:9

#include <stdio.h>
#define N 5
int main(){
    int nums[N] = {5, 20, 31, 10, 8};
    int i,j,k;

    for(i = 0; i < N; i++){
        for(j = 0;j < N-i;j++){
            if(nums[j] < nums[j+1]){
                k = nums[j+1];
                nums[j+1] = nums[j];;
                nums[j] = k;
            }
        }
    }
```

图 7-29　在 DDD 中插入断点

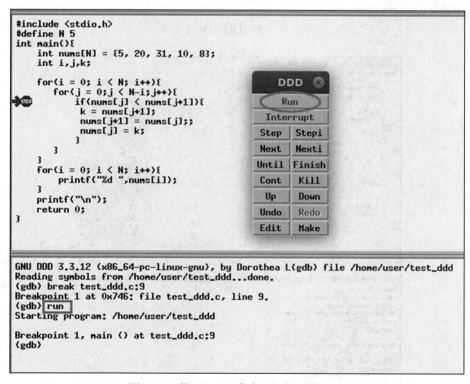

```
#include <stdio.h>
#define N 5
int main(){
    int nums[N] = {5, 20, 31, 10, 8};
    int i,j,k;

    for(i = 0; i < N; i++){
        for(j = 0;j < N-i;j++){
            if(nums[j] < nums[j+1]){
                k = nums[j+1];
                nums[j+1] = nums[j];;
                nums[j] = k;
            }
        }
    }
    for(i = 0; i < N; i++){
        printf("%d ",nums[i]);
    }
    printf("\n");
    return 0;
}
```

DDD
Run
Interrupt
Step Stepi
Next Nexti
Until Finish
Cont Kill
Up Down
Undo Redo
Edit Make

```
GNU DDD 3.3.12 (x86_64-pc-linux-gnu), by Dorothea L(gdb) file /home/user/test_ddd
Reading symbols from /home/user/test_ddd...done.
(gdb) break test_ddd.c:9
Breakpoint 1 at 0x746: file test_ddd.c, line 9.
(gdb) run
Starting program: /home/user/test_ddd

Breakpoint 1, main () at test_ddd.c:9
(gdb)
```

图 7-30　使用 DDD 命令工具栏开始调试

8）设置完待监视的变量之后，单击命令工具栏的"Cont"按钮，发出 continue 命令继续执行程序，程序将在被监视变量值改变时或遇到断点时停下。如图 7-32 所示，当 nums 数组值改变时程序停下，并打印当前数组值。

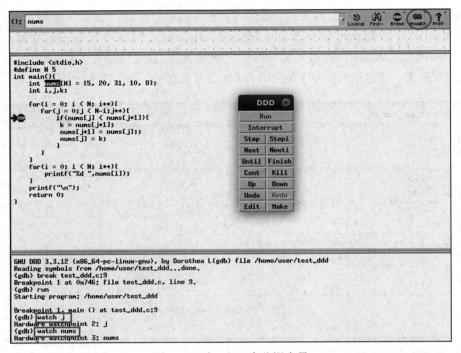

图 7-31   在 DDD 中监视变量

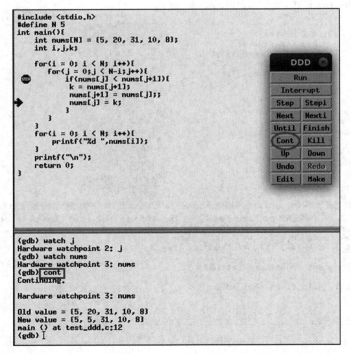

图 7-32   使用命令工具栏继续执行程序

9）此外，我们可以利用 DDD 特有的图形数据显示功能观察变量情况。用鼠标左键选中欲显示的变量名，单击工具条"Display"按钮，即可实现数据显示，如图 7-33 所示。

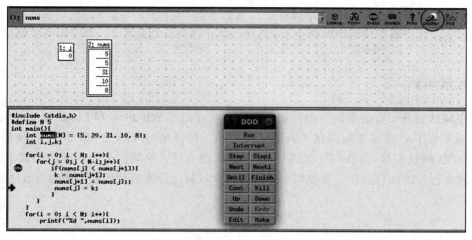

图 7-33　使用 DDD 实现图形数据显示

10）继续单击"Cont"按钮执行程序，观察控制台或数据窗口 nums 数组的变化。当 j 等于 4 时，在下一轮循环开始前，数组 nums 中出现数值 32767，如图 7-34 所示。

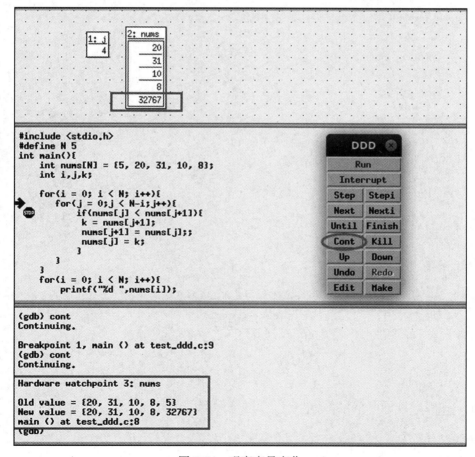

图 7-34　观察变量变化

通过分析源代码可知，在循环过程中，当 j 等于 4 时，j+1 等于 5，代码 nums[j+1] 发生数组越界。因此，将源代码中的两个 for 循环的终止条件分别减去 1，程序即可正确运行。

7.5   本章小结

程序调试是开发者必备的一项技能，本章主要介绍了 Windows 和 Linux 的 C 语言环境，以及不同平台下 C 语言常用调试工具的使用方法，包括 Windows 的 VS 2015 以及 Linux 的 GDB、DDD 调试工具。调试不仅是定位程序瑕疵最直接、有效的方法，通过调试也可以更深入地理解程序的执行过程，是提高编程能力、学习其他计算机知识或架构的有效途径。

第二部分

核 心 实 验

第二部分包括 8 个核心实验，涵盖了理解操作系统原理的关键内容，结合理论课程，通过编程实践可帮助读者更好地理解操作系统原理的精髓。

第二部分包括 8 章。

第 8 章 Linux 编程实验：本章实验内容基于第 2 章搭建的环境，主要介绍 Linux 开发环境以及 Linux 开发的基础知识，并通过具体的实验，使读者熟悉开发环境，了解相关工具的使用。

第 9 章 进程控制实验：在 Windows 环境下练习使用进程与线程进行编程，使读者在理解进程工作原理的同时，掌握进程控制的相关操作。

第 10 章 系统调用实验：通过简单的系统调用函数的使用和创建，帮助读者了解和掌握系统调用的相关知识。读者通过在 Linux 环境下练习使用系统调用进行编程，可以在理解系统调用原理的同时掌握其相关操作。

第 11 章 作业调度实验：简要介绍作业调度的基本算法，并以此为基本思路要求读者编写程序，模拟作业调度的策略，以达到巩固作业调度算法的目的。

第 12 章 同步与互斥实验：在多进程并发的环境下，以进程之间制约和协作调度策略为研究内容，让读者按照要求编写程序，实现同步与互斥机制，使读者加强对同步和互斥的理解并掌握如何在实际操作中进行实现。

第 13 章 银行家算法实验：在 VS 环境下编写程序，模拟计算机资源的调度，并实现银行家算法，帮助学生更好地理解死锁避免策略。

第 14 章 内存管理实验：介绍内存管理相关技术，让读者按要求编写程序并调试，了解内存的查看和管理方法。

第 15 章 文件系统实验：讲解文件系统原理以及文件的组织方式。读者将在此实验中编写程序模拟文件系统，以加强对文件系统的理解。

第 8 章
Linux 编程实验

Linux 是目前常用的操作系统之一，其开源特性对众多学者和开发人员有很大的吸引力。通过 Linux 来进行操作系统的实践是一个很好的选择。本章的内容建立在第 2 章环境搭建的基础上，主要介绍 Linux 开发环境以及 Linux 的编程，使读者初步了解 Linux，并为后续的相关实验打好基础。

8.1 实验目的

通过本章的实验，读者应达到如下要求：
1）了解 Linux 编程环境和编程工具。
2）掌握基本的 Linux 系统命令及执行过程。
3）了解 shell 的作用及分类。
4）学会编写简单的 shell 脚本程序。

8.2 实验准备

1）根据第 2 章内容安装好虚拟机以及 Ubuntu 操作系统。
2）熟悉 Linux 的文本编辑工具 vim。
3）初步了解 GCC 和 GDB 的概念。
4）掌握基本的 shell 编程知识。

8.3 基本知识及原理

1. shell 简介

在计算机科学中，shell 是指"为使用者提供操作界面"的软件（command interpreter，命令解析器），类似于 DOS 下的 COMMAND.COM 和后来的 cmd.exe。用户在 shell 提示符（$ 或 #）下输入的每一个命令都由 shell 先解释，然后传给内核执行。

同时，shell 又是一种程序设计语言。作为命令语言，它以交互式方式解释和执行用户输入的命令或者自动地解释和执行预先设定好的一连串的命令；作为程序设计语言，它定义了各种变量和参数，并提供了许多在高级语言中才具有的控制结构，包括循环和分支。

2. Linux 的常用命令

Linux 的常用命令如表 8-1 所示，命令的使用方法以及参数的作用均可通过 man 命令进行查询。

表 8-1 Linux 的常用命令

命 令	描 述
man	提供一个在线的帮助文档，用于查找 Linux 命令的使用方法。例如，查看 ls 命令的使用方法时，可以在 bash 下输入 man ls，同样，要查看 man 命令更详细的使用方法可以通过输入 man man 来进行操作
ls	列举当前文件目录下的所有内容，可以通过参数设置来选择显示的内容
grep	提供搜索功能，打印包含参数中指定正则表达式的字符串的一整行内容
cat	将文件连接起来并用标准输出方式进行打印
more	以翻页的方式来查看文件，如果一个文件很大，使用 cat 来查看会很不方便，而 more 命令则弥补了这方面的缺陷
cd	切入特定的目录，在 Linux 下，当前目录可以用 "." 来表示，上一目录可以用 ".." 来表示
cp	拷贝文件，该命令在拷贝目录的时候，需要添加参数 -r，表示递归地对目录下的内容进行操作
mv	移动目录或者文件
rm	删除文件，如需删除目录，同样需要通过添加参数 -r 来完成
which	用来查询一个命令的位置
sudo	通过在命令前使用 sudo，可以使普通用户获得 root 的权限，从而执行一些普通用户无权限执行的操作

3. 管道

Linux 下可以使用管道将不同命令的输入和输出连接起来，管道即为 " | "，出现在其左边的命令执行的输出将作为其右边命令的输入。

4. Linux 命令的执行过程（以 "ls" 为例）

在 shell 命令行输入 ls 命令，键盘驱动程序识别出输入的内容，将它们传递给 shell，由外壳程序负责查找同名的可执行程序（ls），如果在 /bin/ls 目录中找到了 ls，则调用核心服务将 ls 的可执行映像读入虚拟内存并开始执行。ls 调用核心文件子系统来寻找哪些文件是可用的。文件系统使用缓冲过的文件系统信息，或者调用磁盘设备驱动从磁盘上读取信息。ls 命令还可能利用网络驱动程序和远程机器之间的信息交换，来找出关于系统要访问的远程文件系统信息（文件系统可以通过网络文件系统或者 NFS 进行远程安装）。得到这些信息后，ls 命令将这些信息通过调用视频驱动写到显示器屏幕上。

5. Linux 的文件编辑工具

1）vim：Linux 的一种文本编辑器，它在 vi 的基础上增加了许多新的特性。vim 和 Emacs 都是 Linux 文本编辑的常用工具。vim 的特点是整个文本编辑都由键盘命令完成而非鼠标完成，这就实现了在没有图形化界面的情况下对文件内容进行编辑。

2）gedit：在很多 Linux 图形界面下，都嵌有一个图形化的文档编辑工具，可通过 gedit 来使用这个工具，gedit 工具的使用方法与 Windows 的文档编辑器类似。

读者可参考第 4 章了解 vim 编辑器的更多使用方法。在桌面系统下，可以直接以 "gedit 文件名" 的方式来对文件进行创建或编辑。

6. GCC 与 GDB

1）GCC（GNU Compiler Collection）：GNU 编译器集合，是一套由 GNU 开发的编程语言编译器，也是类 UNIX 以及 Mac OS X 操作系统的标准编译器。它能处理的语言包括 C++、Fortran、Pascal、Java 等。

2）GDB（GNU debugger）：GNU 开源组织发布的 UNIX 的程序调试工具。GDB 是一个强大的命令行调试工具，相比 Windows 的 VC 和 VS 界面调试，GDB 的优势在于命令行可以形成执行序列，最终形成脚本。GDB 的使用方法请参考第 7 章。

7. shell 脚本简介

1）变量：shell 变量包括环境变量和临时变量。其中临时变量又分为用户定义的变量和位置参数两类。

2）测试语句：测试语句有两种常用形式，一种是用 test 命令，另一种是用一对方括号将测试条件括起来。两种形式完全等价。例如，测试位置参数 $1 是否为已存在的普通文件，可写成 "test -f " $1""，也可写成 "[-f $l]"。

3）流程控制：流程控制涉及 if 语句和循环语句。

- if 语句

```
if [ condition ]; then
…    #if 条件成立时
elif [ condition ]
…    #elif 条件成立时
else
…    # 上面情况都不满足时
fi
```

- 循环语句

for 循环：对于条件中的每种情况都执行一次。

```
for [var] in [con1,con2,con3]; do
…
done
```

while 循环：当条件满足时一直执行下去。

```
while [condition]; do
…
done
```

until 循环：与 while 相反，当条件满足时停止，否则一直执行。

```
until [condition]; do
…
done
```

4）shell 的函数功能。

该函数定义格式如下：

```
functionname()
{
command
...
command; # 分号
}
```

定义函数之后，可以在 shell 中对此函数进行调用。更多 shell 脚本的语法请参考第 4 章。

8.4　实验说明

1）本实验是操作系统课程设计的入门实验，整体难度适中。

2）本实验中的代码若无特殊说明均为 GCC 编译器编译。

3）关于 GDB 调试和 Linux 图形界面编程请参考第 7 章。

8.5　实验内容

实验一　Linux 命令实验

在 Ubuntu 下启动 shell（Ctrl+Alt+T），使用 man 命令查看每个命令的使用方法以及参数的作用。对于操作实验报告中提到的命令，体验其作用，并按要求完成相应内容。

重点学习的命令有：man、ls -al、cat、more、grep、which、who、rm、mv。

实验二　文本编辑工具、GCC 以及 GDB 的使用

1）使用 vim 编辑 C 源文件。

vim 是 vi 的加强版本，它有三种模式：命令模式、插入模式、底行模式。通常将底行模式也归入命令模式中。

2）使用 GCC 对其进行编译，GCC 默认是没有使用 C99 特性的，可以根据提示添加参数 "-std=c99"。

3）使用 GDB 对程序进行调试，GDB 的使用请参考第 7 章。

4）完成实验报告相应内容。

实验三　shell 脚本编程

编写 Linux bash 脚本文件，查看指定目录中包含的文件数量和子目录数量并采用以下格式输出到文件 file.ini 中。

格式：

```
[ 文件夹 ]
文件夹下文件（夹）1
文件夹下文件（夹）2
……
[ 文件夹 2]
文件夹下文件（夹）1
文件夹下文件（夹）2
……
[Directories Count]
10
[ Files Count ]
4
```

8.6　实验总结

1. 实验难点

本实验较为简单，如果读者未接触过 Linux 操作系统，需要加强练习以熟悉命令行操作。另外，Linux 的架构与 Windows 存在一定的区别，建议读者多了解一些 Linux 架构和开发方面的知识。

2. 实验重点

熟悉 Linux 的操作环境，了解 shell 脚本的基本语法，通过执行脚本文件和 C 语言程序

进行对比，体会解释执行和编译执行的区别。

8.7 参考代码

本实验的参考代码如代码 8-1 所示。

代码   8-1

```bash
#!/bin/bash
dircnt=0 # 目录总个数
filecnt=0 # 文件总个数
tree(){ # 列出 $* 的文件和目录统计
    echo '['$(basename "$*") ']'
    for filename in "$*"/*;do # 对于 $* 目录下的每个文件
        if test -d "$filename";then # 如果是目录
            echo "$(basename "$filename")" >> file.ini
            #$dircnt=$(expr $dircnt+1)
        else
            if test -e "$filename";then # 如果是文件
                echo "$(basename "$filename")" >>file.ini
                #$filecnt=$(expr $filecnt+1)
            fi
        fi
    done
    echo >>file.ini
    for filename in "$*"/*; do # 对于 $* 目录下的每个文件夹进行递归
            if (test -d "$filename") && !(test -L "$filename"); then
                tree "$filename"
            fi
    done
}

rm -f file.ini # 如果有目标文件，先删除文件再保存

if (($# > 0)); then # 从参数传入路径
    if test -e "$1";then
        echo "running"
        tree "$1"
    else
        echo "no such directory" "$1"
        exit 1
    fi
else
    echo "running"
    tree "$(pwd)" # 没有参数，以当前目录为目标
fi
echo '[Directories Count]'>>file.ini # 输出目录个数
echo "$dircnt">>file.ini
echo >>file.ini
echo '[Files Count]'>>file.ini # 输出文件个数
echo "$filecnt">>file.ini
echo "Success! The Result has been saved in file.ini
```

8.8 实验报告

Linux 编程基础实验报告

【第一部分】实验内容掌握程度测试

1. 写出下列指令的运行结果并分析作用。

命　　令	运 行 结 果	分析（包括参数的作用）
ls		
ls −al		
cat 任意文件名		
more 任意文件名		
ls −al | grep a		
which cat		
cp 文件 目标文件		
who		
rm 文件		
mv −r 目录 目标目录		

2. 编译程序并执行。

用 vim 编辑器实现求 $n!$（n 的阶乘，$1 \leqslant n \leqslant 12$）程序，并用 GDB 调试，打印结果保存地址。

- 程序源码

- GCC 编译命令

- 运行结果

- GDB 调试

  使用 GDB 调试上面的程序

  _____
  _____
  _____
  _____

  设置断点情况

  _____
  _____
  _____
  _____

  运行命令分别查看 $n=5$、$n=10$ 和 $n=12$ 时的值

  _____
  _____
  _____
  _____

3. shell 脚本编程设计

- 完成部分描述及相关内容

  _____
  _____
  _____
  _____

- 相关程序代码

- 文件中输出的内容

- 实验总结

_____

_____

_____

_____

_____

- 实验课建议及要求

_____

_____

_____

_____

_____

【第二部分】知识掌握程度自我评价

知　识　点	掌　握	了　解	未　掌　握
掌握基本的 Linux 系统命令	☐	☐	☐
学会编写简单的 shell 脚本程序	☐	☐	☐
掌握 GCC 工具的使用	☐	☐	☐
掌握 GDB 工具的使用	☐	☐	☐
学会编写简单的 shell 脚本程序	☐	☐	☐

第 9 章
进程控制实验

进程是一个具有独立功能的程序在一个数据集上的一次动态执行过程，是操作系统中的核心概念。本章涉及的进程控制内容主要包括进程创建、进程终止、进程通信等。本实验将在 Windows 环境下练习使用进程与线程进行编程，在理解进程工作原理的同时，掌握进程控制的相关操作。

9.1　实验目的

通过以上实验，读者应达到以下目标：
1）加深对进程与线程概念的理解。
2）掌握进程之间使用文件映射通信的原理。
3）熟悉 Windows 下与进程控制相关的函数，并熟练使用相关函数完成进程控制的操作。
4）掌握多线程的程序设计方法。

9.2　实验准备

1）了解 Windows 编译工具和调试工具的使用方法。
2）查阅相关资料，了解进程控制的相关理论知识。
3）学习使用 MSDN 查询 API。

9.3　基本知识及原理

1. 基本概念
关于线程和进程的基本概念，请参考第 6 章。

2. 进程通信
进程通信是指进程之间的信息交换。在系统运行时，进程经常需要与其他进程交换信息。Windows 提供的进程间的通信方式包括信号量、共享内存、管道、套接字、消息队列、文件映射等。下面对其中常用的三种方式进行简要介绍。

● 文件映射
文件映射可以使进程像处理进程地址空间的内存块一样处理文件内容。该方式可以使用简单的指针操作来检查和修改文件的内容。当两个或多个进程访问相同的文件映射时，每个进程都会在自己的地址空间中接收指向内存的地址，该指针可用于读取或修改文件的内容。

图 9-1 显示了文件映射对象和文件视图之间的关系。

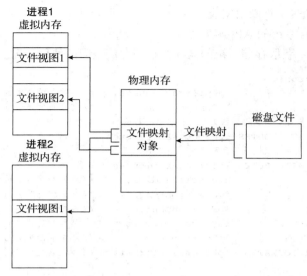

图 9-1　文件映射对象和文件视图之间的关系

文件映射需要三个 Windows 内核对象：文件对象（File Object）、文件映射对象（File Mapping Object）和视图对象（View Object）。文件对象指向要映射到内存的任何文件，也可以是系统页面文件。当对文件映射对象进行修改时，与其绑定的文件内容也会修改。进程通过创建视图对象来实现对文件映射对象内容进行修改。

- 匿名管道

匿名管道可以运用于父子间、兄弟间的进程。通常，匿名管道用于重定向子进程的标准输入与输出，以便它与其父进程交换数据。要双向交换数据，必须创建两个匿名管道。但匿名管道不支持在网络上使用，也不能在不相关的进程之间使用。

- 套接字

双向通信有两种类型的套接字：基于文件类型的套接字和基于网络的套接字。基于文件类型的套接字通过关联到一个特殊的文件，实现同一台计算机上进程之间的通信，实现原理类似于管道。基于网络的套接字本质上是一个通信标识类型的数据结构，它包含了通信的目的地址、通信使用的端口号、通信网络的传输层协议等内容，是进程通信和网络通信的基本构件。

3. 归并排序

归并排序是建立在归并操作上的一种有效的排序算法，该算法是分治法的典型应用。其主要过程是：

1）将未排序的 n 个元素均匀划分为两部分。

2）将步骤 1 中得到的两个子数组进行递归分解，直到数组中元素个数为 1。

3）逐步合并子数组，产生新的已排序数组，直至合并为一个数组。

9.4　实验说明

1）本实验在 Windows 操作系统下运行。

2）进程间通信通过文件映射实现。

3）熟悉 Windows 系统的 API 函数。

● CreateProcess：获取存储系统的概况及程序存储空间的使用状况。

```
BOOL CreateProcess(
    LPCSTR                  lpApplicationName,      // 要执行的模块名称
    LPSTR                   lpCommandLine,          // 要执行的命令行
    // 确定子进程是否可以继承返回到新进程对象的句柄
    LPSECURITY_ATTRIBUTES lpProcessAttributes,
    // 确定子进程是否可以继承返回到新线程对象的句柄
    LPSECURITY_ATTRIBUTES lpThreadAttributes,
    BOOL                    bInheritHandles,        // 新进程是否继承调用进程中的句柄
    DWORD                   dwCreationFlags,        // 控制优先级类别和流程创建的标志
    LPVOID                  lpEnvironment,          // 指向新进程的环境块的指针
    LPCSTR                  lpCurrentDirectory,     // 进程当前目录的完整路径
    LPSTARTUPINFOA          lpStartupInfo,          // 指向 STARTUPINFOEX 结构的指针
    LPPROCESS_INFORMATION lpProcessInformation    // 接收有关新进程的标识信息
);
```

返回值：如果创建成功，返回值非零；否则，返回值为零。可通过 GetLastError 函数来获取错误消息。

● CloseHandle：关闭打开的对象句柄。

```
BOOL CloseHandle(HANDLE hObject);
```

返回值：如果执行成功，返回值非零。否则，返回值为零。

● CreateFileMapping：创建或打开指定文件的命名或未命名文件映射对象。

```
HANDLE CreateFileMapping(
    HANDLE                  hFile,// 从中创建文件映射对象的文件句柄
    // 指向 SECURITY_ATTRIBUTES 结构的指针
    LPSECURITY_ATTRIBUTES lpFileMappingAttributes,
    DWORD                   flProtect,   // 指定文件映射对象的页面保护
    DWORD                   dwMaximumSizeHigh,// 文件映射对象最大大小的高阶 DWORD
    DWORD                   dwMaximumSizeLow,// 文件映射对象最大大小的低阶 DWORD
    LPCSTR                  lpName // 文件映射对象的名称
);
```

返回值：如果执行成功，返回值是新创建的文件映射对象的句柄；如果失败，则返回值为 NULL。

● MapViewofFile：将文件映射的视图映射到调用进程的地址空间。

```
LPVOID MapViewOfFile(
    HANDLE hFileMappingObject,  // CreateFileMapping 函数返回的句柄
    DWORD  dwDesiredAccess,     // 对文件映射对象的访问类型
    DWORD  dwFileOffsetHigh,    // 视图开始处的文件偏移量的高阶 DWORD
    DWORD  dwFileOffsetLow,     // 视图开始处的文件偏移量的低阶 DWORD
    SIZE_T dwNumberOfBytesToMap // 映射到视图的文件映射的字节数
);
```

返回值：如果执行成功，返回值为映射视图的起始地址，否则为 NULL。

● CreateThread：创建一个线程以在调用进程的虚拟地址空间内执行。

```
HANDLE CreateThread(
    LPSECURITY_ATTRIBUTES    lpThreadAttributes,  // 默认为 NULL
    SIZE_T                   dwStackSize,  // 堆栈的初始大小
    // 指向要由线程执行的应用程序定义的函数的指针
    LPTHREAD_START_ROUTINE   lpStartAddress,
    __drv_aliasesMem LPVOID  lpParameter,// 指向要传递给线程的变量的指针
    DWORD                    dwCreationFlags,// 控制线程创建的标识
    LPDWORD                  lpThreadId // 指向接收线程标识符的变量的指针
);
```

返回值：如果执行成功，返回值为映射视图的起始地址，否则为 NULL。

9.5 实验内容

实验一 进程通信实验

1）在 Windows 操作系统的 D 盘下创建 os-code 文件夹。

2）在文件夹中新建 fProcess.c、cProcess.c 和 text.txt，内容参考代码 9-1 和 9-2。

3）阅读代码，完成实验报告中的相关内容。

4）执行代码，观察程序的运行结果，完成实验报告的相关内容。

实验二 多线程实现归并排序实验

1）运行本实验的参考代码 9-3。

2）更改代码中的最大线程数，观察线程数设置为多少时程序耗时最短。

3）自行编写单线程归并排序算法，并与参考代码进行比较。

4）根据实验结果完成实验报告的相关内容。

9.6 实验总结

1）程序运行结果如图 9-2 和图 9-3 所示。

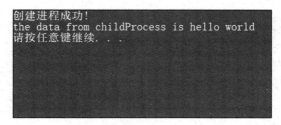

图 9-2 实验一的运行结果

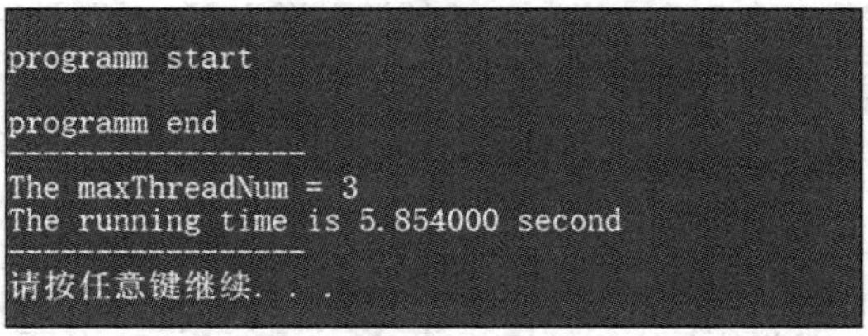

图 9-3 实验二的运行结果

2）本实验难度适中，涉及进程、线程、进程通信、并发等多个知识点。实验难点在于要通过多次实验尝试找到最佳的最大线程并发数。

9.7 参考代码

代码 9-1

```
//fProcess.c 程序
#include<string.h>
#include<Windows.h>
#include<stdio.h>
#include<tchar.h>
const int BUF_SIZE = 256;
TCHAR szName[]= _T("MyFileMappingObject");

int main(int argc, char *argv[]) {
    // 创建进程的一些必要的参数设置
    STARTUPINFO si;                      // 该结构用于指定新进程的主窗口特性
    memset(&si, 0, sizeof(STARTUPINFO));
    si.cb = sizeof(STARTUPINFO);
    si.dwFlags = STARTF_USESHOWWINDOW;
    si.wShowWindow = SW_SHOW;
    PROCESS_INFORMATION pi;              // 该结构返回有关新进程及其主线程的信息
    ZeroMemory(&si,sizeof(si));
    ZeroMemory(&pi,sizeof(pi));
    BOOL bcpResult= CreateProcess(
            TEXT("D:\\ OS-code\\childProcess.exe"),   // 指向可执行的文件名的指针
                NULL,
                NULL,
                NULL,
                FALSE,
                NULL,
                NULL,
                NULL,
                &si,
                &pi);
    if (!bcpResult) {
        printf(" 创建进程失败 !\n");
        return -1;
    } else {
        printf(" 创建进程成功 !\n");
    }
    sleep(1);

    // 打开文件映射对象
    HANDLE hMapFile = OpenFileMapping(FILE_MAP_ALL_ACCESS,FALSE,szName);
    if (hMapFile == NULL) {
        _tprintf(TEXT("Could not open file mapping object.\n"));
        return 1;
    }

    // 将共享内存映射到当前进程的地址空间
    LPCTSTR pBuf = (LPCTSTR)MapViewOfFile(hMapFile, FILE_MAP_ALL_ACCESS, 0, 0,
        BUF_SIZE);
```

```
        if (pBuf == NULL) {
            _tprintf(_T("could not mapping file\n"));
            CloseHandle(hMapFile);
            return 2;
        }

        printf("the data from childProcess is %s\n", pBuf);

        UnmapViewOfFile(pBuf); // 停止当前程序的一个内存映射
        pBuf = NULL;
        CloseHandle(hMapFile);
        TerminateProcess(pi.hProcess, 0);

        // 关闭进程和线程的句柄
        CloseHandle(pi.hProcess);
        CloseHandle(pi.hThread);
        system("pause");
    }
```

代码 9-2

```
//cProcess.c 程序
#include<stdio.h>
#include<windows.h>
#include<tchar.h>
#include<winternl.h>

const int BUF_SIZE = 256 ;
TCHAR szName[] = _T("MyFileMappingObject") ;

// 从文件中读取数据
char* textFileRead(char* filename) {
char* text;
FILE *pf = fopen(filename,"r");
fseek(pf,0,SEEK_END);
long lSize = ftell(pf);
text=(char*)malloc(lSize+1);
rewind(pf);
fread(text,sizeof(char),lSize,pf);
text[lSize] = '\0';
return text;
}

int main() {
// 创建共享内存区
HANDLE hMapFile = CreateFileMapping(INVALID_HANDLE_VALUE,
                        NULL, PAGE_READWRITE, 0, BUF_SIZE, szName);
if(hMapFile == NULL) {
    _tprintf(_T("Could not create file mapping obj\n")) ;
    return 1 ;
}

// 将共享内存映射到当前进程的地址空间
LPCTSTR pBuf = (LPCTSTR)MapViewOfFile(hMapFile, FILE_MAP_ALL_ACCESS, 0, 0,
    BUF_SIZE) ;
if(pBuf == NULL) {
```

```
        _tprintf(_T("could not mapping file\n")) ;
        CloseHandle(hMapFile) ;
        return 2 ;
    }

    char *fileContent=textFileRead("D:\\ \\OS-code\\file.txt");
    // 写入从文件读取的字符串
    CopyMemory((PVOID)pBuf, fileContent, (_tcslen(fileContent) * sizeof(TCHAR)));
    _getch();

    // 取消映射文件的映射视图的基地址的指针
    UnmapViewOfFile(pBuf);
    CloseHandle(hMapFile);
    system("pause");
    while(1);
    }
```

代码　9-3

```
#include <stdio.h>
#include <stdlib.h>
#include <string.h>
#include<Windows.h>
#include<time.h>


#define array_length 20000000

int a[array_length + 5];
int numofThread = 0;
int maxThreadNumber = 3;
int flag = 0;

// 对排好序的两个数据进行合并
void merge(int left, int right) {
    int mid = (left + right) / 2;
    int leftSize = mid - left + 1;
    int rightSize = right - mid;
    int *leftArray = (int *)malloc(sizeof(int)*leftSize);
    int *rightArray = (int *)malloc(sizeof(int)*rightSize);

    memcpy(leftArray, a + left, sizeof(int) * leftSize);
    memcpy(rightArray, a + mid + 1, sizeof(int) * rightSize);
    int i = 0, j = 0, k = left;
    while (i <leftSize && j < rightSize)
    {
        a[k++] = leftArray[i] < rightArray[j] ? leftArray[i++] : rightArray[j++];
    }

    while (i < leftSize)
    {
        a[k++] = leftArray[i++];
    }

    free(leftArray);
```

```
        free(rightArray);
}

// 分解数组
DWORD WINAPI merge_sort(LPVOID arg) {

    int *argu = (int*)arg;
    int left = argu[0];
    int right = argu[1];

    int mid = (left + right) / 2;
    int argLeft[2] = {left,mid};
    int argRight[2] = { mid + 1,right };

    if (left >= right) {
        return;
    }

    HANDLE t2;
    HANDLE t1;

    if (numofThread == maxThreadNumber) {
        flag = 1;
    }

    if (numofThread < maxThreadNumber) {
        numofThread += 1;
        t1 = CreateThread(NULL, 0, merge_sort, argLeft, 0, NULL);
        DWORD dwRet = WaitForSingleObject(t1, INFINITE);
        BOOL bresult = TerminateThread(t1, 0);

        numofThread -= 1;
    }
    else {
        merge_sort(argLeft);
    }

    if (numofThread < maxThreadNumber) {
        numofThread += 1;
        t2 = CreateThread(NULL, 0, merge_sort, argRight, 0, NULL);
        DWORD dwRet = WaitForSingleObject(t2, INFINITE);
        BOOL bresult = TerminateThread(t2, 0);
        numofThread -= 1;
    }
    else {
        merge_sort(argRight);
    }

    merge(left, right);

}

void createData() {
    srand((int)time(NULL));
    for (int i = 0; i < array_length; ++i) {
```

```
        a[i] = rand();
    }
}

int main() {
    printf("\nprogramm start\n\n");

    createData();        // 创建随机数数组

    clock_t startTime, endTime; // 记录程序运行时间
    startTime = clock();

    int arg[2] = {0,array_length};

    HANDLE  hThread;
    numofThread = 1;
    hThread = CreateThread(NULL, 0, merge_sort, arg, 0, NULL);
    DWORD dwRet = WaitForSingleObject(hThread, INFINITE); // 等待线程结束
    BOOL bresult = TerminateThread(hThread, 0);
    endTime = clock();
    printf("programm end\n");
    printf("----------------\n");
    printf("The maxThreadNum = %d\n",maxThreadNumber);
    printf("The running time is %f second\n", (double)(endTime - startTime)/
        CLOCKS_PER_SEC);
    printf("----------------\n");
    system("pause");
}
```

9.8 实验报告

进程控制实验报告

【第一部分】实验内容掌握程度测试

1. 基础知识

- 说明进程与线程的区别。

  _____

  _____

  _____

  _____

- 进程通信的方式有哪些？

  _____

  _____

  _____

  _____

- Windows 如何利用文件映射进行进程间的通信?

_____

_____

_____

_____

- 简述多线程编程的优点。

_____

_____

_____

_____

2. 写出下列函数的原型

CreateThread：_____

_____

_____

CreateFileMapping：_____

_____

_____

MapViewOfFile：_____

_____

_____

OpenFileMapping：_____

_____

_____

UnmapViewOfFile：_____

_____

_____

3. 运行和观察结果

- 运行实验一，简述实验一的代码流程。

_____

_____

_____

_____

- 单线程归并排序实现 (代码 + 运行结果)。

  关键代码

  运行结果

- 运行代码 9-3，改变最大线程数，说明程序运行时间是变化的，并简述原因。

  _____
  _____
  _____
  _____

  4. 实验总结

  _____
  _____
  _____
  _____

【第二部分】知识掌握程度自我评价

知 识 点	掌 握	了 解	未 掌 握
理解进程和线程的基本概念	☐	☐	☐
掌握进程间使用文件映射通信的原理	☐	☐	☐
熟悉 Windows 中与进程控制相关的函数	☐	☐	☐
掌握多线程编程方法	☐	☐	☐

第 10 章
系统调用实验

操作系统的内核通常会提供一些具备一定功能的函数，并通过系统调用将这些函数呈现给用户。本实验通过简单的系统调用函数的使用和创建，帮助读者了解和掌握系统调用的相关知识。本实验将在 Linux 环境下使用系统调用进行编程，使读者在理解系统调用原理的同时掌握相关操作。

10.1 实验目的

通过本章的实验，读者应达到如下要求：

1）理解 BIOS 中断调用、系统调用以及 C 语言标准库函数的联系和区别。

2）理解 Linux API 和系统调用的区别。

3）熟悉 Linux 下的系统调用，并熟练使用相关函数完成相应操作。

4）学习编写 Makefile 文件。

10.2 实验准备

1）了解 Linux 编译工具和调试工具的使用方法。

2）查阅相关资料，掌握阅读和编写 Makefile 文件的能力。

3）查阅资料，了解系统调用的相关理论知识。

10.3 基本知识及原理

1. 系统调用

操作系统的主要功能是为应用程序的运行创建良好的环境。为了达到这个目的，内核提供了一系列具备预订功能的多内核函数，通过一组称为系统调用（system call）的接口呈现给用户。系统调用将应用程序的请求传给内核，调用相应的内核函数完成所需的处理，然后将处理结果返回给应用程序。如果没有系统调用和内核函数，用户将无法编写大型应用程序。

Linux 提供系统调用，使用户进程能够调用内核函数。这些系统调用允许用户操纵进程、文件和其他系统资源，从用户级切换到内核级。也就是说，系统调用的执行会引起特权级的切换，是一种受约束的、切换到保护核心的"函数调用"。普通函数调用不会引起特权级的转换，一般不受约束。

2. BIOS 中断调用

BIOS 中断服务程序实际上是计算机系统中软件与硬件之间的一个可编程接口，主要用于程序软件功能与硬件之间的连接。BIOS 中断服务"封装"了许多系统底层的细节，使得一些用户程序能够使用 BIOS 功能。

3. C 语言标准库

C 语言标准库是利用系统调用来实现的，它依赖于系统调用进行封装，对开发者透明。系统调用的实现在内核完成，而 C 语言标准库则在用户态实现，标准库函数完全运行在用户空间。

4. API 和系统调用的区别

API（Application Programming Interface，应用编程接口）是程序员在用户空间下可以直接使用的函数接口，如常用的 read()、malloc()、free() 等函数。这些函数用于获得一个给定的服务。系统调用是通过软中断向内核发出一个明确的请求。API 和系统调用并没有严格的对应关系：

1）API 有可能和系统调用的形式是一样的。比如，API 的 read() 函数和 read() 系统调用的形式一致。

2）几个不同的 API 的内部实现可能是调用同一个系统调用。例如，Linux 的 libc 库实现了内存分配和释放函数 malloc()、calloc() 和 free()，这几个函数的实现都用到了 brk() 系统调用。

3）一个 API 的功能实现可能并不需要系统调用，如 abs()。

4）一个 API 的功能实现需要多个系统调用。

系统调用与 API 的关系可以用图 10-1 来表示。

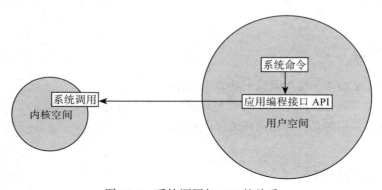

图 10-1　系统调用与 API 的关系

5. Makefile 文件和 make 命令

一个工程中的源文件可能不计其数，它们按类型、功能、模块分别放在若干目录中。Makefile 定义了一系列规则来指定哪些文件需要先编译、哪些文件需要后编译、哪些文件需要重新编译，甚至进行更复杂的功能操作。Makefile 就像一个 shell 脚本，也可以执行操作系统的命令。Makefile 文件需要按照某种语法进行编写，文件中需要说明如何编译各个源文件并链接生成可执行文件，以及定义文件间的依赖关系。

make 是个命令工具，即解释 Makefile 中指令的命令工具。一般来说，大多数 IDE 都有这个命令，如 Delph 的 make、VC 的 nmake、GNU 的 make。

Makefile 的好处是"自动化编译"，程序一旦写好，只需要一个 make 命令，整个工程就可以自动编译，极大地提高软件开发的效率。

6. 文件描述符

内核利用文件描述符来访问文件，文件描述符是非负整数。打开或新建文件时，内核会返回一个文件描述符。读写文件也需要使用文件描述符来指定待读写的文件。

习惯上，标准输入的文件描述符是 0，标准输出的文件描述符是 1，标准错误的文件描述符是 2。注意，这种使用方式不是 UNIX 内核的特性，但是因为一些 shell 和应用程序都采用这种方式，所以如果内核不遵循这种习惯的话，很多应用程序将不能使用。

标准文件和文件描述符的关系可用图 10-2 来表示。

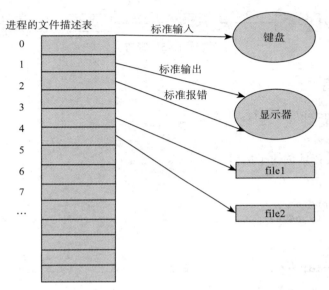

图 10-2　响应文件和文件描述符之间的关系

7. 输入 / 输出重定向

通常来讲，输入默认为键盘输入，输出默认为输出到屏幕。一条命令的执行过程如图 10-3 所示。

图 10-3　普通命令的执行过程

输入 / 输出重定向就是改变输入 / 输出方向，如将标准输入和输出都改为文件，如图 10-4 所示。

图 10-4　输入 / 输出重定向

8. 进程通道机制——管道

管道具有如下特点：

1）管道是半双工的，数据只能向一个方向流动，因此需要双方通信时，应建立两个管道。

2）管道只能用于具有"亲缘"关系的进程（父子进程或者兄弟进程之间）。

3）管道单独构成一种独立的文件系统，也就是说，管道对于管道两端的进程而言是一个文件，但它不是普通的文件，不属于某种文件系统，而是自立门户并且只存在于内存中。

一个进程向管道中写入的内容被管道另一端的进程读出。写入的内容每次都添加在管道缓冲区的末尾，并且每次都从缓冲区的头部读出数据，如图 10-5 所示。

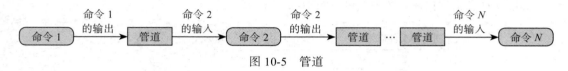

图 10-5　管道

10.4　实验说明

本实验在 Linux 环境下运行。

1. 重要函数说明

（1）调用 fork 函数创建子进程

头文件：

```
#include<unistd.h>
#include<sys/types.h>
```

函数原型：

```
pid_t fork(void);                //pid_t 是一个宏定义，其实质是 int
```

返回值：

若成功调用一次则返回两个值，子进程中返回 0，父进程返回子进程 id，出错返回 −1。

Linux 下的 fork 函数与 Windows 下的 _spawnl 函数都可用于创建子进程，它们的区别是 fork 将进程代码复制一份并执行，_spawnl 从头开始执行。

（2）pipe 函数

头文件：

```
#include<unistd.h>
```

函数原型：

```
int pipe(int  fildes[2])
```

返回值：

成功返回 0，失败返回 −1。

功能：

参数 fildes 用来描述管道的两端，管道被创建时，两端的任务是确定的，fildes[0] 是管道读出端，fildes[1] 是管道写入端。

（3）dup2 函数

头文件：

```
#include <unistd.h>
```

函数原型：

```
int dup2(int oldfd, int targetfd)
```

功能：

将 oldfd 文件描述符复制到 targetfd，使 oldfd 和 targetfd 指向同一文件。

dup2 函数允许调用者规定一个有效描述符 oldfd 和一个目标描述符 targetfd。dup2 函数成功返回时，目标描述符（dup2 函数的第二个参数）将变成源描述符（dup2 函数的第一个参数）的复制品。换句话说，两个文件描述符现在都指向同一个文件，并且是函数第一个参数指向的文件。

2. Makefile 文件

make 命令执行时，需要一个 Makefile 文件，以告知 make 命令如何进行编译和链接。Makefile 的规则如下：

```
    target . . . : prerequisites . . .
command
. . .
```

target 是目标文件，prerequisites 是生成 target 所需要的文件或目标，command 是使用 prerequisites 生成 target 的命令，即 make 需要执行的命令。这是一个文件的依赖关系，target 包括的一个或多个目标文件依赖于 prerequisites 中的文件，其生成规则定义在 command 中。例如，执行一个简单的程序：

```
//helloworld.c
#include<stdio.h>
int main(void)
{
    printf("Hello world\n");
    return 0;
}
```

之前已经介绍过，在 Linux 命令行下直接使用 GCC 命令可以方便地将该程序编译为可执行文件。这里为了讲解 Makefile 的使用，将使用 Makefile 的方式进行编译。

编写好的 Makefile 文件如下：

```
#makefile
all:helloworld
helloworld: helloworld.o
    gcc  -o helloworld helloworld. o
helloworld.o: helloworld.c
    gcc  -c helloworld.c
clean:
    rm helloworld.o
```

all 表示最终结果是什么，在上述 makefile 中即为生成的可执行文件 helloworld。
helloworld: helloworld.o 表示 helloworld 文件源自 helloworld.o 文件，由 helloworld.o 生成 helloworld 的命令为：

```
gcc  -o helloworld helloworld.c
```

接下来的语句指明了 helloworld.o 的出处，它是依赖 helloworld.c 通过如下命令得到的：

```
gcc  -c helloworld.c
```

最后，因为生成的中间文件 helloworld.o 对于用户使用是没有作用的，所以要将其删除，完成该项工作的语句是：

```
clean:
    rm helloworld.o
```

这样，Makefile 文件就写好了。此时切换到 Makefile 所在的目录执行 make 命令。make 命令会找到 Makefile 文件，以 all 语句的内容为最终目标，通过依赖关系依次往下执行。由于 clean 与之前的语句并不存在依赖关系，因此 clean 的内容无法执行。如果用户希望执行该语句，可以使用 make clean 语句来实现，或者将 Makefile 的第一句改为"all:helloworld clean"。

3. 代码说明

参考代码中的程序包括 fork.c、pipe.c 两个程序文件，下面对其进行说明。

（1）程序代码 fork.c

该程序使用 fork 系统调用创建了一个子进程来执行相关命令，其中，fork 创建子进程的部分示意图如图 10-6 所示。

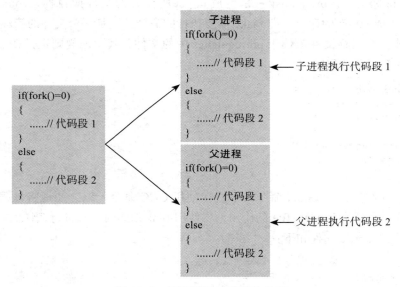

图 10-6　父进程和子进程的关系

子进程是父进程的一个副本，它会获得父进程所有资源的副本，即子进程拥有和父进程相同代码段的内存块。fork 函数被调用一次但返回两次，子进程复制了父进程的堆栈段，所以两个进程在执行过程中都停留在 fork 函数中等待返回。事实上，fork 函数在父进程和子进程中各返回一次。在子进程中返回 0 值，父进程中返回子进程的 id。

调用 fork 之后，数据、堆栈有两份，代码仍为一份，但是该代码段是两个进程的共享代码段，都从 fork 函数中返回，图 10-6 中的箭头表示各自的执行处。当父、子进程有一个想要修改代码段时，两个进程真正分离。

（2）程序代码 pipe.c

该程序中，系统调用 pipe 和 dup2 函数来模拟实现 shell 命令"ls -l /etc/ | more"，其示

意图如图 10-7 所示。

管道是在内存中实现的，从 I/O 重定向的观点来看，等同于以下命令的组合：

```
$ ls -l /etc/ > temp          (输出重定向到 temp)
$ more < temp                 (或者 more temp)
$ rm temp                     (删除临时文件)
```

该命令组合需要 3 条命令和 1 个临时文件，且含有磁盘 I/O 操作，执行效率比使用管道低。

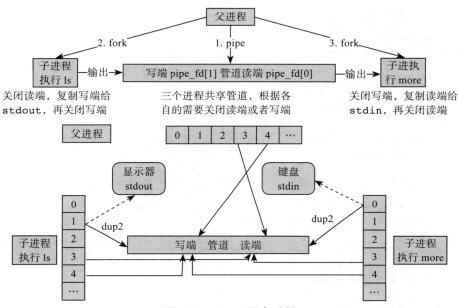

图 10-7　pipe.c 程序过程

10.5　实验内容

1）登录 Linux 系统。

2）在 home 目录下建立以自己学号为文件名的文件。

3）阅读关于 fork、exec、wait、exit、pipe 等系统调用函数的资料。

4）在该文件中编写 Makefile，并使用 make 编译代码中的 fork.c、pipe.c，编写相关实验报告。

5）设计并实现新的系统调用 current_time()，并使得该函数通过使用参数的调用返回当前系统时间。

6）运行步骤 4 和步骤 5 生成的可执行文件，观察结果及进程，并填写实验报告。

10.6　参考代码

代码　10-1

```
// fork.c
// 实验代码：通过 fork 实现子进程执行 /bin/ls-l /，实验效果等同于 shell
// 模拟命令: $ /bin/ls -l /
#include<stdlib.h>
```

```c
#include<sys/types.h>
#include<sys/wait.h>
#include<unistd.h>
#include <stdio.h>
#include <errno.h>

int main(int argc,char* argv[])
{
    int pid;
    char *prog_argv[4];
    /* 建立参数表 */
    prog_argv[0]="*/bin/ls";
    prog_argv[1]="-1";
    prog_argv[2]="/";
    prog_argv[3]=NULL;
    /* 为命令 ls 创建进程 */
    if ((pid=fork())<0)
    {
        perrer("Fork failed");// 创建失败则输出 Fork failed
        exit(errno);
    }
    if (!pid)/* 这是子进程，执行命令 ls */
    {
        printf("argc = %d, argv[0] =%s",argc ,argv[0]);
        execvp(prog_argv[0],prog_argv);
    }
    if (pid)/* 这是父进程，等待子进程执行结束 */
    {
        waitpid(pid,NULL,0);
    }
    return 0;
}
```

代码   10-2

```c
//pipe.c 程序
// 系统调用 pipe 和 dup2 函数实现 shell 命令 ls -1 /etc/ | more
#include<stdlib.h>
#include<sys/types.h>
#include<sys/wait.h>
#include<unistd.h>
#include<stdio.h>
#include<errno.h>

int main(int argc, char *argv[])
{
    int status;
    int pid[2];// 进程号
    int pipe_fd[2];
//pipe 的描述符，一个 pipe 有两个描述符，分别用于 read 时的输入和 write 时的输出
    char *prog1_argv[4];// 启动进程时的参数
    char *prog2_argv[2];
    char rwBuffer[1024]={'\0'};// 用 read 和 write 读写 pipe 时使用的缓冲区
    prog1_argv[0]="/bin/ls";// 命令 ls 的参数表
    prog1_argv[1]="-1";
    prog1_argv[2]="/etc/";
```

```
        prog1_argv[3]=NULL;
        prog2_argv[0]= "/bin/more";// 命令 more 的参数表
        prog2_argv[1]=NULL;
        if(pipe(pipe_fd)<0)// 创建 pipe, 获得用于输入和输出的描述符
        {
            perror("pipe failed");
            exit(errno);
        }
        if((pid[0]=fork())<0)/* 父进程为 ls 命令创建子进程 */
        {
            perror("Fork failed");
            exit(errno);
        }
        if(!pid[0])/*ls 子进程 */
        {
            read(pipe_fd[0],rwBuffer,1024);// 读管道, 会阻塞, 等待父进程发布命令
            fprintf(stdout,"\n\n----------------------------------%s|
            rec----------------------------------------\n\n", rwBuffer);
            /* 不需要再读取了, 关闭读端 */
            close(pipe _fd[0]);
            dup2(pipe_ fd[1],1);/* 将管道的写描述符复制给标准输出, 然后关闭 */
            close(pipe_ fd[1] );
            execvp(prog1 argv[0], prog1_argv);// 调用 ls
        }
        if (pid[0])/* 父进程, 为 more 创建子进程 */
        {
            if ((pid[1]=fork())<0)// 再次创建进程
            {
                perror("Fork failed" );
                exit(errno);
            }
            if (!pid[1])// 子进程
            {
                close(pipe_ fd[1]);
                dup2(pipe_ fd[0],0);/* 将管道的读描述符复制给标准输入, 然后关闭 */
                close(pipe_ fd[0]);
                execvp(prog2_ argv[0],prog2_argv);
            } else{
                fprintf(stdout,  "\n\n--------------------------------
                - %s|send------------------------------------\n\n",
                rwBuffer);
                sprintf(rwBuffer ,"start1");
                write(pipe_ fd[1], rwBuffer, strlen( rwBuffer));
                    /* 将命令写入管道 */
                fprintf(stdout,  "\n\n--------------------------------
                - %s|send------------------------------------\n\n",
                rwBuffer);
                sprintf(rwBuffer ,"start2");
                write(pipe_ fd[1], rwBuffer ,strlen(rwBuffer));
                    /* 将命令写入管道 */
            }
            close(pipe_ fd[0]);
            close(pipe_ fd[1]);
            waitpid(pid[1], &status,0);
                printf("Done waiting for more. \n");
        }
```

```
        return 0;
    }
```

代码   10-3

```
// 创建新系统调用的基本方法
// 首先下载内核源码，放置在 home 文件夹下并解压
// 转到内核所在目录，修改 syscall_64.tbl
    323( 举例数字 )   64 current_time sys_mycall // 向最后一行添加新调用
    asmlinkage long sys_mycall(void);// 修改 syscalls.h, 在最后一行添加
// 编写系统调用 C 程序 current_time.c 并保存至 kernel 目录下
#include <linux/kernel.h>
#include <linux/init.h>
#include <linux/syscalls.h>
#include <linux/linkage.h>
asmlinkage long sys_mycall(int num)
{
    time_t    now;              // 实例化 time_t 结构
    struct    tm    *timenow;            // 实例化 tm 结构指针
    time(&now); //time 函数读取现在的国际标准时间，然后传值给 now
    timenow  =  localtime(&now); // 将时间转换为当地的时间
    printf("Local   time   is   %s/n",asctime(timenow));
    // 上面的 asctime 函数把时间转换成字符，通过 printf() 函数输出
    }
    // 在 kernel 文件夹下创建 Kconfig.mycall
    config MYCALL
        bool "prints my call is running"
    default y
    help
    This will print my call is running
// 将 mycall.o 添加到 obj-y 列表中
// 使用 makefile 编译
```

10.7   实验报告

系统调用及进程控制实验报告

【第一部分】实验内容掌握程度测试

1. 基础知识

- 什么是系统调用？

_____

_____

_____

- 简述 fork 调用。

_____

_____

_____

_____

- 如何利用 pipe 进行进程间的通信？

  _____

  _____

  _____

  _____

- 用一句话总结 BIOS 中断调用和系统调用之间的区别。

  _____

  _____

  _____

  _____

- 举出"一个 API 的功能实现需要多个系统调用"的例子。

  _____

  _____

  _____

  _____

- 简述 make 命令对 Makefile 文件内容的执行过程。

  _____

  _____

  _____

  _____

2. 写出下列函数的原型

  fork：_____

  _____

  _____

  signal：_____

  _____

  _____

  pipe：_____

  _____

  _____

  tcsetpgrp：_____

  _____

  _____

3. 运行和观察结果

1）在下面写出实验步骤"编写 Makefile，用 make 编译源代码中 fork.c、pipe.c"的 Makefile 内容：

_____

_____

_____

2）阅读 fork.c 代码，完成下列问题。

• 简述程序的作用和运行过程。

_____

_____

_____

• 程序中如何区分父进程和子进程？

_____

_____

_____

3）阅读 pipe.c 代码，完成下列问题。

• 简述结果（不是执行结果）。

_____

_____

_____

• execvp(prog2._argv[0].prog2_argv)（第 56 行）是否执行？如果没有执行，请说明原因。

_____

_____

_____

4. 实验总结

_____

_____

_____

【第二部分】知识掌握程度自我评价

知 识 点	掌 握	了 解	未 掌 握
熟悉 Linux 系统下软件开发工具 GCC	☐	☐	☐
理解 BIOS 中断调用、系统调用与 C 语言标准库函数的联系和区别	☐	☐	☐
理解 Linux API 和系统调用的区别	☐	☐	☐
掌握 Makefile 以及 make 命令	☐	☐	☐
掌握 Linux 的系统调用	☐	☐	☐

第 11 章
作业调度实验

在实际工作中，系统可能同时存在多个处于就绪状态的作业，为了使系统正常运行并提高处理效率，必须采取合适的调度策略。本章将简要介绍作业调度的基本算法，并以此为思路引导读者编写程序，模拟作业调度的策略，以达到深入理解作业调度算法的目的。

11.1 实验目的

通过本章的实验，读者应达到以下要求：

1）掌握周转时间、等待时间、平均周转时间等概念及其计算方法。

2）理解四种常用的作业调度算法（FCFS、SJF、HRRF、HPF），区分算法之间的差异性，并用 C 语言模拟实现各算法。

3）了解操作系统中高级调度、中级调度和低级调度的区别和联系。

11.2 实验准备

1）掌握程序、进程、作业的基本概念。

2）掌握进程调度、作业调度的区别和联系。

3）掌握 C 语言基本语法和 struct 结构及其用法。

11.3 基本知识及原理

1. 基本概念

（1）调度

1）作业调度：又称高级调度，是在系统资源满足的条件下，将处于就绪状态的作业调入内存，生成与作业相对应的进程，并为这些进程提供所需要的资源。根据作业控制块中的信息，检查系统是否满足作业的资源要求，只有在满足作业调度的资源需求时，系统才能进行作业调度。

2）内存调度：又称中级调度，是指为了充分利用内存资源，系统采用对换的方法将暂时不能运行的进程调至外存等待，释放这些进程占用的内存空间，让内存可以接纳新的进程或者使内存中的进程快速推进。当达到被换出到外存的进程挂起时间时，需要将这些进程重新换入内存。中级调度在换出内存的进程中确定需要进入内存的进程。

3）进程调度：又称为低级调度。进程调度是按照一定的调度算法从内存的就绪进程队列中选择进程，为进程分配处理器，避免进程之间发生竞争处理器情况的调度方法。

4）三级调度的联系：作业调度从外存中选择一批作业进入内存，为它们建立进程，送入就绪队列。进程调度从就绪队列中选择一个进程为其分配资源并运行。中级调度则是将暂时不能运行的进程调入外存，进行"挂起"处理，并在挂起时间到后将其重新调入内存，以提高内存的利用率。

（2）调度的基本方式

1）非抢占式算法：当一个进程使用处理器资源并在执行时，即使有某个更加紧急的进程需要处理，也会让当前的进程继续执行，直到该进程完成或者发生某种事件（如 I/O 请求）而进入阻塞状态时，才将处理器分配给其他进程。

2）抢占式算法：当一个进程在处理器上执行时，如果有某个更加紧急的进程需要处理，则立刻暂停当前进程的执行，转去执行更加紧急的进程，将处理器分配给这个更紧急的进程使用。

（3）比较算法性能的参数

1）周转时间：指从作业到达到作业完成所经历的时间，是作业等待时间、进程在就绪队列中的等待时间、进程等待 I/O 操作完成的时间以及进程在 CPU 上运行的时间的总和。

$$周转时间 = 作业完成时间 - 作业到达时间$$

2）等待时间：是指进程 / 作业处于等待处理器状态的时间之和。

$$等待时间 = 周转时间 - 运行时间$$

3）响应时间：指从用户提交请求到首次产生响应所用的时间。

4）带权周转时间：由于作业之间的运行时间长短有差距，周转时间不能很好地衡量作业的处理效率，因此提出了带权周转时间。

$$带权周转时间 = \frac{作业周转时间}{作业运行时间} = \frac{作业完成时间 - 作业到达时间}{作业运行时间}$$

5）响应比：

$$响应比 = \frac{作业周转时间}{作业运行时间} = \frac{作业完成时间 - 作业到达时间}{作业运行时间}$$
$$= \frac{作业等待时间 + 作业运行时间}{作业运行时间} = \frac{作业等待时间}{作业运行时间} + 1$$

2. 基本调度算法

（1）先来先服务调度算法

先来先服务（First-Come First-Severed，FCFS）调度算法按照作业进入后备队列的顺序进行进程调度。该算法是一种非抢占式的算法，仅需要考虑作业到达的先后顺序，而不用考虑作业的执行时间长短、作业的运行特性和作业对资源的要求。

（2）短作业优先调度算法

短作业优先（Shortest-Job-First，SJF）调度算法根据作业控制块中指出的执行时间，选取执行时间短的作业优先调度。本实验规定，该算法是非抢占式的，即不允许立即抢占正在执行的长进程，而是要等当前作业执行完毕再进行调度。

（3）响应比高者优先调度算法

FCFS 调度算法只考虑了作业的进入时间，SJF 调度算法考虑了作业的运行时间而忽略了作业的等待时间。响应比高者优先（High-Response-Ratio-First，HRRF）调度算法为上述两种算法的折中。响应比为作业的响应时间与作业需要执行的时间之比。作业的响应时间为作业进入系统后的等待时间与作业要求处理器处理的时间之和。

（4）优先权高者优先调度算法

优先权高者优先（Highest-Priority-First，HPF）调度算法与响应比高者优先调度算法相似，也是根据作业的优先权进行作业调度，每次选取优先权高的作业优先调度。作业的优先权通常用一个整数表示，也叫优先数。优先数的大小与优先权的关系由系统或者用户规定。优先权高者优先调度算法综合考虑了作业执行时间和等待时间的长短、作业的紧急度、作业对外部设备的使用情况等因素，根据系统设计目标和运行环境来确定各个作业的优先权，决定作业调度的先后顺序。

3.基本调度算法的比较

四种算法的比较如表 11-1 所示。

表 11-1　四种算法的比较

作业	到达时间（ms）	需要处理时间（ms）	优先权	FCFS 周转时间（ms）	SJF 周转时间（ms）	HRRF 周转时间（ms）	HPF 周转时间（ms）
A	0	20	0	20	20	20	20
B	5	15	0	30	45	25	30
C	10	10	2	35	25	40	40
D	15	5	1	35	10	20	25
平均周转时间（ms）				10.00	25.00	26.25	28.75
平均带权周转时间（ms）				3.38	2.25	2.54	3.00

11.4　实验说明

1）本实验所选用的调度算法均默认为非抢占式。

2）实验所用的测试数据如表 11-2 所示。

表 11-2　实验所用的测试数据

作　业　id	到　达　时　间	执　行　时　间	优　先　权
1	800	50	0
2	815	30	1
3	830	25	2
4	835	20	2
5	845	15	2
6	700	10	1
7	820	5	0

3）本实验设计的作业的数据结构如下：

```
typedef struct node
{
    int number; // 作业号
    int reach_time;// 作业抵达时间
    int need_time;// 作业的执行时间
    int privilege;// 作业优先权
```

```
      float excellent;// 响应比
      int start_time;// 作业开始时间
      int wait_time;// 等待时间
      int visited;// 作业是否被访问过
      bool isreached;// 作业是否已经抵达
}job;
```

4）重要函数说明如下所示：

```
void initial_jobs()                          // 初始化所有作业信息
void reset_jinfo()                           // 重置所有作业信息
int findminjob(job jobs[],int count)         /* 找到执行时间最短的作业输入参数：所有
    作业信息及待查找作业总数，输出为执行时间最短的作业 id*/
int findrearlyjob(job jobs[],int count)      /* 找到最早到的作业输入参数：所有作业
    信息及待查找作业总数，输出参数为最早达到的作业 id*/
void readJobdata()                           // 读取作业的基本信息
void FCFS()                                  // 先来先服务算法
void SFJschdulejob(job jobs[],int count)     /* 短作业优先算法，参数：所有的作业信息
    及待查找的作业总数 */
void HRRFschdulejob(job jobs[],int count)    /* 响应比高者优先算法，输入参数：所有的
    作业信息及待查找的作业总数 */
void HPFschdulejob(job jobs[],int count)     /* 优先权高者优先算法，输入参数：所有的
    作业信息及待查找的作业总数 */
```

11.5　实验内容

1）编写并调试作业调度模拟程序。

2）将表 11-2 中的数据去掉第一行写入文本文件中，每行之间用
换行符分隔，每列之间用空格分隔，如图 11-1 所示。

3）运行本次实验的参考代码并观察结果，参见代码 11-1。

4）根据图 11-2 补充短作业优先代码，并计算其等待时间和周转
时间。

```
1 800 50 0
2 815 30 1
3 830 25 2
4 835 20 2
5 845 15 2
6 700 10 1
7 820 5 0
```

图 11-1　写入数据

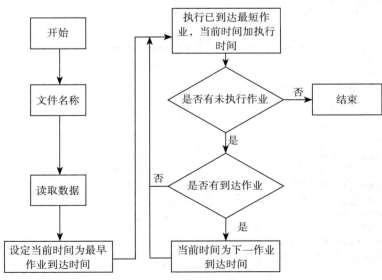

图 11-2　作业调度实验流程图

5）尝试编写响应比高者优先调度算法和优先权高者优先调度算法。

6）不考虑多个作业同时到达的情况，且均为非抢占式。

7）根据实验结果，比较不同算法的平均等待时间、平均周转时间，找到对这组作业最适合的调度算法。

11.6　实验总结

由四种算法的测试数据来看，算法思想不同，所需的等待时间和周转时间也不同（如表 11-3 所示）。

表 11-3　算法与等待时间、执行时间、优先级的关系

作业调度算法	等待时间	执行时间	优先权
FCFS	√		
SJF		√	
HRRF	√	√	
HPF			√

由表 11-3 可知，FCFS 算法仅考虑作业的等待时间，等待时间长的优先考虑；SJF 算法仅考虑作业的执行时间，执行时间短的优先考虑；HRRF 算法同时考虑了作业的等待时间和执行时间，是 FCFS 和 SJF 算法的折中；HPF 算法仅考虑作业的优先权，优先权高者先执行。

由实验结果可知，对测试数据而言，并非 HRRF 算法的平均等待时间和平均周转时间最短。对于这组作业，SJF 算法的平均等待时间和平均周转时间比 HRRF 算法和 HPF 算法短，说明最适合这组作业的调度算法是 SJF。

由此可以判断，要根据具体的作业来选择最合适的算法。如果对于 a 作业，A 算法的平均等待时间和周转时间是最短的，那么 A 算法是最适合 a 作业的调度算法。

11.7　参考代码

代码　11-1

```c
#include <stdio.h>
#include <string.h>
#include <stdlib.h>

// 最大作业数量
const int MAXJOB=50;
// 作业的数据结构
typedef struct node
{
    int number;// 作业号
    int reach_time;// 作业抵达时间
    int need_time;// 作业的执行时间
    int privilege;// 作业优先权
    float excellent;// 响应比
    int start_time;// 作业开始时间
    int wait_time;// 等待时间
    int visited;// 作业是否被访问过
```

```
        int isreached;//作业是否抵达
}job;
job jobs[MAXJOB];//作业序列
int quantity;//作业数量
//初始化作业序列
void initial_jobs()
{
    int i;
    for(i=0;i<MAXJOB;i++)
    {
        jobs[i].number=0;
        jobs[i].reach_time=0;
        jobs[i].privilege=0;
        jobs[i].excellent=0;
        jobs[i].start_time=0;
        jobs[i].wait_time=0;
        jobs[i].visited=0;
        jobs[i].isreached=0;
    }
    quantity=0;
}
//重置全部作业信息
void reset_jinfo()
{
    int i;
    for(i=0;i<MAXJOB;i++)
    {
        jobs[i].start_time=0;
        jobs[i].wait_time=0;
        jobs[i].visited=0;
    }
}
//查找当前 current_time 已到达未执行的最短作业，若无返回 -1
int findminjob(job jobs[],int count)
{
    int minjob=-1;//=jobs[0].need_time;
    int minloc=-1;
    for(int i=0;i<count;i++)
    {
        if(minloc==-1){
            if(jobs[i].isreached==1 && jobs[i].visited==0){
            minjob=jobs[i].need_time;
            minloc=i;
            }
        }
        else if(minjob>jobs[i].need_time&&jobs[i].visited==0&&jobs[i].
            isreached==1)
        {
            minjob=jobs[i].need_time;
            minloc=i;
        }
    }
    return minloc;
}
//查找最早到达作业，若全部到达返回 -1
int findrearlyjob(job jobs[],int count)
```

```
    {
        int rearlyloc=-1;
        int rearlyjob=-1;
        for(int i=0;i<count;i++)
        {
            if(rearlyloc==-1){
                if(jobs[i].visited==0){
                rearlyloc=i;
                rearlyjob=jobs[i].reach_time;
                }
            }
            else if(rearlyjob>jobs[i].reach_time&&jobs[i].visited==0)
            {
                rearlyjob=jobs[i].reach_time;
                rearlyloc=i;
            }
        }
        return rearlyloc;
    }
    // 读取作业数据
    void readJobdata()
    {
        FILE *fp;
        char fname[20];
        int i;
        // 输入测试文件的文件名
        printf("please input job data file name\n");
        scanf("%s",fname);
        if((fp=fopen(fname,"r"))==NULL)
        {
            printf("error, open file failed, please check filename:\n");
        }
        else
        {
            // 依次读取作业信息
            while(!feof(fp))
            {
                if(fscanf(fp,"%d %d %d %d",&jobs[quantity].number,&jobs[quantity].reach_
                    time,&jobs[quantity].need_time,&jobs[quantity].privilege)==4)
                quantity++;
            }
            // 打印作业信息
            printf("output the origin job data\n");
            printf("-----------------------------------------------------------
                -------\n");
            printf("\tjobID\treachtime\tneedtime\tprivilege\n");
            for(i=0;i<quantity;i++)
            {
        printf("\t%-8d\t%-8d\t%-8d\t%-8d\n",jobs[i].number,jobs[i].reach_
            time,jobs[i].need_time,jobs[i].privilege);
            }
        }
    }
    //FCFS
    void FCFS()
    {
```

```
        int i;
        int current_time=0;
        int loc;
        int total_waitime=0;
        int total_roundtime=0;
        // 获取最近到达的作业
        loc=findrearlyjob(jobs,quantity);
        // 输出作业流
        printf("\n\nFCFS 算法作业流 \n");
        printf("------------------------------------------------------
            ------\n");
        printf("\tjobID\treachtime\tstarttime\twaittime\troundtime\n");
        current_time=jobs[loc].reach_time;
        // 每次循环找出最先到达的作业并打印相关信息
        for(i=0;i<quantity;i++)
        {
            if(jobs[loc].reach_time>current_time)
            {
                jobs[loc].start_time=jobs[loc].reach_time;
                current_time=jobs[loc].reach_time;
            }
            else
            {
                jobs[loc].start_time=current_time;
            }
            jobs[loc].wait_time=current_time-jobs[loc].reach_time;
            printf("\t%-8d\t%-8d\t%-8d\t%-8d\t%-
                8d\n",loc+1,jobs[loc].reach_time,jobs[loc].start_time,
                    jobs[loc].wait_time,
                jobs[loc].wait_time+jobs[loc].need_time);
            jobs[loc].visited=1;
            current_time+=jobs[loc].need_time;
            total_waitime+=jobs[loc].wait_time;
            total_roundtime=total_roundtime+jobs[loc].wait_time+jobs[loc].need_time;
            // 获取剩余作业中最近到达作业
            loc=findrearlyjob(jobs,quantity);
        }
        printf(" 总等待时间 :%-8d 总周转时间 :%-8d\n",total_waitime,total_roundtime);
        printf(" 平均等待时间 : %4.2f 平均周转时间 : %4.2f\n",(float)total_waitime/(quantity),
            (float)total_roundtime/(quantity));
}
// 短作业优先作业调度
void SFJschdulejob(job jobs[],int count)
{

}
// 响应比高者优先作业调度
void HRRFschdulejob(job jobs[],int count){

}

int main()
{
    initial_jobs();
    readJobdata();
    FCFS();
```

```
    reset_jinfo();
    SFJschdulejob(jobs,quantity);
    return 0;
}
```

11.8　实验报告

作业调度实验报告

【第一部分】实验内容掌握程度测试

1. 基础知识

- 说明三级调度的内容和区别。

_____

_____

_____

_____

- 说明作业调度与进程调度的区别。

_____

_____

_____

_____

- 说明结构、类和联合的相同点和不同点。

_____

_____

_____

_____

2. 实验知识

- 作业有几种状态（及它们之间的转换条件）？

_____

_____

_____

_____

3. 实验内容

理解作业调度的过程。

- 说明该程序是如何实现先来先服务（FCFS）作业调度算法与短作业优先算法（SJF）的。

_____

_____

_____

_____

- 响应比高优先（HRRF）调度算法（代码＋运行结果）。

关键代码

运行结果

- 优先权高者优先调度算法（代码＋运行结果）。

关键代码

运行结果

4. 实验分析

- 针对测试数据，比较以上算法差异性。

5. 实验总结实验完成情况、遇到的问题以及解决办法

【第二部分】知识掌握程度自我评价

知 识 点	掌 握	了 解	未 掌 握
基本的 C 语言编程能力	☐	☐	☐
了解作业调度的基本原理、作业状态及状态间的转换条件	☐	☐	☐
了解等待时间、周转时间、平均等待时间、平均周转时间	☐	☐	☐
掌握基本结构数据类型的使用方法	☐	☐	☐
理解操作系统中作业调度的概念和调度算法	☐	☐	☐
理解操作系统如何调度、协调和控制各个作业	☐	☐	☐

第 12 章
同步与互斥实验

随着计算机技术的发展，计算机的计算资源、存储资源等飞速提升。为了改善资源的利用率，提高系统吞吐量，操作系统引入了并发的机制。在多进程并发的环境下，进程之间通常会存在各种制约和协作的关系，如资源的竞争或者进程先后关系的协调等。如果进程的协调不当，就会产生死锁现象。因此，计算机必须提供一系列合理的策略来协调进程之间的关系。本章实验将以此为学习内容，请读者按照要求编写程序，实现同步与互斥管理，从而加强对同步和互斥的理解并掌握如何在实际操作中实现相关机制。

12.1　实验目的

通过本章的实验，读者应达到如下要求：

1）理解原子操作、同步、互斥、信号量、临界区等基本概念。

2）掌握进程同步与互斥的原理。

3）掌握经典同步算法模型：生产者与消费者模型、读者–写者模型、哲学家就餐模型等。

12.2　实验准备

1）学习使用 MSDN 查询 API。

2）了解进程同步与互斥过程中的基本概念：原子操作、信号量、临界区。

12.3　基本知识及原理

1. 基本概念

1）原语：指由若干条指令组成的程序段，用来实现某个特定的功能，在执行过程中不能被中断。

2）临界资源：进程可以共享系统中的许多资源，但部分资源一次只允许一个进程使用，这种资源就是临界资源。属于临界资源的硬件有打印机、磁带机等，属于临界资源的软件有消息缓冲队列、变量、数组、缓冲区等。

3）临界区：多个进程共享临界资源时，必须互斥使用，即每次只允许一个进程使用，使用完毕后再分配给其他进程。在每个进程中，访问临界资源的那段代码称为临界区。

4）对临界资源的使用：为了保证正确使用临界资源，对临界资源的访问一般分为四个部分：

①进入区。在进入区检查是否可以使用临界资源，若能进入临界区，则设置正在访问临

界区标志，阻止其他进程同时进入临界区。

②临界区。进程中访问临界资源的代码。

③退出区。将正在访问临界区标志撤除。

④剩余区。代码中的其余部分。

5）互斥：互斥也称为间接制约关系。当一个进程进入临界区使用临界资源时，另一个进程必须等待，当使用临界资源的进程退出临界区后，另一进程才可以访问临界资源。如果进程 A 和进程 B 都需要访问打印机，而系统已经将打印机分配给进程 A，则此时将进程 B 阻塞，进程 A 释放打印机资源后才将进程 B 唤醒，由进程 B 访问打印机资源。

6）同步：同步也称为直接制约关系。多个相关进程在执行次序上的协调称为进程同步。两个或多个进程必须严格按照规定的某种先后次序来运行，这种先后次序依赖于要完成的任务。比如，进程 A 的运行依赖于进程 B 提供的数据，那么进程 A 需要等待进程 B 运行完成并提供数据后才能运行。

7）互斥量：互斥量又称为互斥锁，每个线程在对资源操作前都尝试先加锁，成功加锁才能操作，操作结束后解锁。通过锁将资源的访问变为互斥操作。互斥量的值只能为 0 或者 1。值为 0，表示锁定状态，即当前对象被锁定，用户进程 / 线程如果试图对临界资源加锁，则排队等待；值为 1，表示空闲状态，即当前对象空闲，用户进程 / 线程可以对临界资源加锁，之后互斥量值减 1 变为 0。

8）信号量：信号量允许多个进程同时使用共享资源，这与操作系统中的 PV 操作相同，它指出了可以同时访问的资源的最大数目，即同时访问共享资源的最大进程数目。它允许多个进程在同一时刻访问同一资源，但是不能超过同一时刻访问此资源的最大进程数。在创建信号量时，要同时指出允许的最大资源计数和当前可用资源计数。一般是将当前可用资源计数设置为最大资源计数，每增加一个进程对共享资源的访问，当前可用资源计数就会减 1，只要当前可用资源计数大于 0，就可以发出信号量信号。当前可用资源计数减小到 0 时，说明当前占用资源的进程数已经达到了所允许的最大数目，不再允许其他进程进入，此时的信号量信号将无法发出。进程在处理完共享资源后，应在离开的同时通过释放一个信号量操作将当前可用资源计数加 1。任何时候当前可用资源计数绝不可能大于最大资源计数。

2. PV 操作

PV 操作由 P 操作原语和 V 操作原语组成，用于对信号量进行操作。具体定义如下：

P(S)

1）将信号量 S 的值减 1，即 S=S−1。

2）如果 S>0，则该进程继续执行，否则该进程置为等待状态，进入等待队列。

V(S)

1）将信号量 S 的值加 1，即 S=S+1。

2）如果 S>0，则该进程继续执行，否则释放队列中第一个等待信号量的进程。

PV 操作的意义在于，用信号量及 PV 操作来实现进程的同步和互斥。PV 操作属于进程的低级通信。

12.4　实验说明

1. API 介绍

（1）CreateThread

功能：创建一个在调用进程的地址空间中执行的线程。

```
HANDLE CreateThread(
LPSECURITY_ATTRIBUTES lpThreadAttributes    /* 表示线程内核对象的安全属性, NULL 表示使
    用默认设置 */
DWORD dwStackSize                          // 定义原始堆栈大小, 传入 0 表示使用默认大小（1MB）
LPTHREAD_START_ROUTINE lpStartAddress       // 指向线程函数
LPVOID lpParameter,                         // 传给线程函数的参数, 不需传递参数时为 NULL
DWORD dwCreationFlag                        // 为 0 表示线程创建之后立即可以进行调度
LPDWORD lpThreadId);                        // 保存线程标识符（32 位）
```

返回值：如果函数成功，则返回值是新线程的句柄。如果函数失败，则返回值为 NULL。

例如：

```
(threadA=CreateThread(NULL,0,(LPTHREAD_START_ROUTINE )(ReaderThread), &thread_
    info[i],0,&thread_ID)
```

（2）CreateMutex

功能：创建或打开一个已命名或未命名的互斥对象。

```
HANDLE CreateMutex(
LPSECURITY_ATTRIBUTES lpMutexAttributes, /* 是否被子进程继承, 如果此参数为 NULL, 则子
    进程不能继承该句柄 */
BOOL bInitialOwner,                      /* 指示当前线程是否马上拥有该互斥量。如果值为
    TRUE, 并且调用方创建了互斥对象, 则调用线程将获得互斥对象的初始所有权; 否则, 调用线程将无
    法获得该互斥锁的所有权 */
LPCTSTR lpName                           // 互斥量名称, NULL 为匿名
);
```

返回值：如果函数成功，则返回值是新创建的互斥对象的句柄。如果函数失败，则返回值为 NULL。

例如：

```
g_hMutex = CreateMutex(NULL, false, "mutex");
```

（3）WaitForSingleObject（相当于 P 操作）

功能：使程序处于等待状态，直到信号量 hHandle 出现（即其值大于等于 1）或超过规定的等待时间。

```
DWORD WaitForSingleObject(
HANDLE hHandle,                          // 同步对象指针
DWORD dwMilliseconds                     // 等待的最长时间（INFINITE 为无限等待）
);
```

返回值：如果函数成功，则返回值指示导致函数返回的事件。

例如：

```
WaitForSingleObject(g_hMutex, INFINITE);
```

（4）ReleaseMutex（相当于 V 操作）

功能：释放互斥对象的控制权。

```
BOOL WIANPI ReleaseMutex(
HANDLE hMutex       // 互斥对象句柄
);
```

返回值：如果函数成功，则返回值为非零。如果函数失败，则返回值为零。

（5）CreateSemaphore

功能：创建一个新的信号量。

```
HANDLE CreateSemaphore(
LPSECURITY_ATTRIBUTES lpSemaphoreAttributes,  // 用于定义信号量的安全特性
LONG lInitialCount,                            // 设置信号量的初始计数
LONG lMaximumCount,                            // 设置信号量的最大计数
LPCTSTR lpName                                 // 指定信号量对象的名称
);
```

返回值：如果函数成功，则返回值是信号量对象的句柄。如果函数失败，则返回值为 NULL。

例如：

```
HANDLE g_hSemaphore = CreateSemaphore(NULL, 1, 100, L"sema")
```

（6）ReleaseSemaphore（相当于 V 操作）

功能：用于给指定的信号量增加指定的值。

```
BOOL ReleaseSemaphore(
HANDLE hSemaphore,        // 要释放的信号量句柄
LONG lReleaseCount,       // 要释放的信号量的数目
LPLONG lpPreviousCount    /* 指向返回信号量上次值的变量的指针，如果不需要信号量上次的值，那
    么这个参数可以设置为 NULL*/
);
```

返回值：如果函数成功，则返回值为非零。如果函数失败，则返回值为零。

例如：

```
ReleaseSemaphore(g_hSemaphore ,1,NULL);
```

（7）InitializeCriticalSection

功能：初始化临界区对象。

```
VOID InitializeCriticalSection(
LPCRITICAL_SECTION lpCriticalSection          // 指向关键部分对象的指针
);
```

返回值：该函数不返回值。

例如：

```
InitializeCriticalSection(&g_cs)
```

（8）EnterCriticalSection

功能：等待指定临界区对象的所有权。当调用线程被赋予所有权时，该函数返回。

```
VOID EnterCriticalSection(
```

```
LPCRITICAL_SECTION lpCriticalSection        // 指向关键部分对象的指针
);
```

返回值：该函数无返回值。

例如：

```
EnterCriticalSection(&g_cs)
```

（9）LeaveCriticalSection

功能：释放指定临界区对象的所有权。

```
VOID LeaveCriticalSection(
LPCRITICAL_SECTION lpCriticalSection        // 指向关键部分对象的指针
);
```

返回值：无返回值。

例：

```
LeaveCriticalSection(&g_cs);
```

（10）WaitForMultipleObjects

功能：等待，直到一个或所有指定对象处于信号状态或等待时间超过超时间隔。

```
DWORD WaitForMultipleObjects (
DWORD nCount                 // 句柄数量的最大值为 MAXIMUM_WAIT_OBJECTS(64)
CONST HANDLE * lpHandles,    // 句柄数组的指针
BOOL fWaitAll                /* 等待的类型，如果值为 TRUE,则等待所有信号量有效后再继续执行；如
    果值为 FALSE,当其中一个信号量有效时就继续执行 */
IDWORD dwMilliSeconds        /* 超时时间，指要等待的毫秒数。如设为零，表示立即返回；如指定为
    常数 _INFINITE,则可根据实际情况无限等待下去 */
) ;
```

返回值：当函数满足下列条件之一时返回：

①任意一个或全部指定对象处于信号态。

②等待时间超过超时间隔。

如果函数成功，则返回值指示导致函数返回的事件。

例如：

```
DWORD wait_for_all = WaitForMultipleObjects(n_thread,h_thread,true,-1)
```

2. 测试数据

（1）生产者与消费者模型

实验所用的测试数据如表 12-1 所示。

表 12-1　实验测试数据

ID	类型（P—生产者，C—消费者）	延迟时间（到达时间）
1	P	1
2	P	2
3	C	6
4	P	5
5	C	9

（续）

ID	类型（P—生产者，C—消费者）	延迟时间（到达时间）
6	P	8
7	P	7
8	C	10
9	C	4
10	C	3

（2）读者 – 写者模型

实验所用的测试数据如表 12-2 所示。

表 12-2　实验测试数据

ID	类型（R—读者，W—写者）	延迟时间（到达时间）	持续时间（操作时间）
1	R	3	5
2	W	4	5
3	R	5	2
4	R	7	5
5	W	6	3

3. 生产者与消费者模型

生产者与消费者问题描述如下。

在主进程中创建 n 个线程来模拟生产者和消费者。生产者生产产品，消费者只消费指定生产者的产品。连接生产者与消费者的部分是缓冲区，生产者将生产出来的产品放在缓冲区供消费者消费，消费者消费产品并释放缓冲区。如果缓冲区满，则生产者无法继续生产产品，要等待消费者消费；如果缓冲区空，则消费者无法继续消费，要等待生产者生产产品。同时，生产者之间也是互斥的。

该问题的关键是要保证生产者不会在缓冲区满时加入数据，消费者也不会在缓冲区空时消耗数据。生产者只在仓库（即缓冲区）未满时进行生产，仓库满时生产者进程被阻塞；消费者只在仓库非空时进行消费，仓库为空时消费者进程被阻塞。

生产者与消费者模型的 PV 操作如下：

```
//mutex 用于表示生产者与消费者对缓冲区的互斥访问
// 信号量 empty 表示空缓冲区的数目
// 信号量 full 表示满缓冲区的数目
var mutex, full, empty; semaphore=1, 0, n
Producer {
    P( empty);
    P(mutex);
    Buffer( in )=product;
    in=(in+1) mod n;
    V(mutex);
    V(full);
}
Consumer {
    P(full);
    P(mutex);
    product=buffer(out);
    out=(out+1) mod n;
```

```
        V(mutex);
        V(empty);
}
```

4. 读者–写者模型

读者–写者问题描述如下。

主进程创建多个读写线程，分别对临界区进行读写访问，读者和写者之间遵从以下原则：

1）读读不互斥：临界区允许多个读者同时访问。

2）读写互斥：读者和写者不可同时访问临界区。

3）写写互斥：写者和写者不可同时访问临界区。

4）避免读者或写者饿死：避免由于读者或写者一直占用临界区而对方得不到资源被饿死的情况出现。

5. 创新实验：电影院售票问题

一场电影共发售 100 张票，有三个售票窗口。在电影开始前，三个窗口同时开始售票。每个窗口会随机卖出 1 ～ 3 张票。需要保证卖给顾客的票数不会超过总票数，即假设只剩下最后一张票时，若三个窗口同时在售票，则只卖出一张票，而不会出现最后一张票被卖出三次的情况。

12.5　实验内容

实验一　生产者与消费者问题

1）在 Windows 下，使用 VS 创建工程 CandPProject。

2）将表 12-1 中的数据去掉表头写入文本文件 source1.txt 中，每行之间用换行符分隔，每列之间用空格分隔，如图 12-1 所示。

3）将生产者与消费者问题实验的源码添加到该工程中，即代码 12-1，并将相关数据（source1.txt）文件放在项目的根目录下。

4）运行代码 12-1，观察运行结果。

5）进阶实验：若测试数据如下所示，则使用以下四类不同的数据集合来表示四个生产者生产的元素。其他条件不变，消费者只有在针对同一产品消费时才需要互斥，尝试解决生产者与消费者问题。

1	P	1
2	P	2
3	C	6
4	P	5
5	C	9
6	P	8
7	P	7
8	C	10
9	C	4
10	C	3

图 12-1　实验一所需数据

第一类数据　大写字母：A B C D E F G H I J K L M N O P Q R S T U V W X Y Z
对应实验源码中的 source0.txt。
第二类数据　数字：0 1 2 3 4 5 6 7 8 9
对应实验源码中的 source1.txt。
第三类数据　汉语拼音字母：b p m f d t n l g k h j q z zh ch sh r z c s y w ao ei u
　　　v ai ei ui ao ou iu ie ve er an en in un
对应实验源码中的 source2.txt。
第四类数据　符号：~ ! @ # $ % ^ & * ( ) _ + - =
对应实验源码中的 source4.txt。

6）完成实验报告。

实验二　读者 – 写者实验

1）在 Windows 下，使用 VS 创建工程 MUProject。

2）将表 12-2 中的数据去掉表头写入文本文件 source2.txt 中，每行之间用换行符分隔，每列之间用空格分隔，如图 12-2 所示。

1	R	3	5
2	W	4	5
3	R	5	2
4	R	7	5
5	W	6	3

图 12-2　实验二所需数据

3）将读者 – 写者实验的源码添加到该工程中，即代码 12-2，并将相关数据（source2.txt）文件放在项目的根目录下。

4）运行代码 12-2，观察运行结果。

5）尝试用读者优先的方法解决问题。

6）完成实验报告。

实验三　电影院售票实验

1）在 Windows 下，使用 VS 创建工程 CinemaProject。

2）将读者—写者实验的源码添加到该工程中，即代码 12-3。

3）运行代码 12-3，观察运行结果。

4）完成实验报告。

仿照已给出的两个经典进程同步代码，实现哲学家就餐问题。

12.6　实验总结

1）对于进程同步与互斥问题，本实验给出一个实验框架，厘清程序框架是关键。

2）本实验中需要阅读的代码量较多，在研究源码的同时，要参考同步与互斥的相关算法来理解。

12.7　参考代码

代码　12-1

```
#include <windows.h>
#include <stdio.h>
#include <conio.h>
#include <fstream>
#include <iostream>
struct ThreadInfo{
    int tid;                  // 线程 id
    char role;                // 扮演角色 P/C
    double delay;             // 延迟时间（到达时间）
};
```

```
int Full=0;// 缓冲区填满的个数
int Empty=10;// 缓冲区未填满的个数
int ishave[10]={0};// 缓冲区 10 个单元是否被填满
int i=-1;              // 缓冲区当前单元的位置
HANDLE Emptymutex; //Empty 互斥信号量
HANDLE Fullmutex; //Full 互斥信号量
CRITICAL_SECTION PC_mutex; // 缓冲区
using namespace std;
// 生产者线程
void ProducerThread(void *p){
    DWORD m_delay;
    int m_id;
    // 从参数中获取信息
    m_delay=((ThreadInfo*)(p))->delay;
    m_id=((ThreadInfo*)(p))->tid;
    Sleep(m_delay); // 延迟等待

    //Empty 不等于 0 时进入
    DWORD wait_for_Emptymutex=WaitForSingleObject(Emptymutex,-1);
        // 判断 Empty 互斥信号量，大于 0 时进入
    Empty--;
    ReleaseMutex(Emptymutex); // 释放 Empty 互斥信号量

    EnterCriticalSection(&PC_mutex);  // 进入缓冲区
    i++;
    ishave[i]=1;  // 将产品放入当前单元
    DWORD wait_for_Fullmutex=WaitForSingleObject(Fullmutex,-1);
        // 进入 Full 互斥信号量
    Full++;
    ReleaseMutex(Fullmutex);              // 释放 Full 互斥信号量
    printf("Producer %d has put the thing to %d!\n",m_id,i+1);
    LeaveCriticalSection(&PC_mutex);  // 退出缓冲区
}

// 消费者线程
void ConsumerThread(void *p){
    DWORD m_delay;
    int m_id;
    // 从参数中获取信息
    m_delay=((ThreadInfo*)(p))->delay;
    m_id=((ThreadInfo*)(p))->tid;
    Sleep(m_delay);

    //Full 不等于 0 时进入
    DWORD wait_for_Fullmutex=WaitForSingleObject(Fullmutex,-1);
        // 判断 Full 互斥信号量，大于 0 时进入
    Full--;
    ReleaseMutex(Fullmutex); // 释放 Full 互斥信号量

    EnterCriticalSection(&PC_mutex);  // 进入缓冲区
    ishave[i]=0;  // 取出当前单元商品
    i--;
    DWORD wait_for_Emptymutex=WaitForSingleObject(Emptymutex,-1);
        // 进入 Empty 互斥信号量
    Empty++;
    ReleaseMutex(Emptymutex);              // 释放 Empty 互斥信号量
```

```
        printf("Consumer %d has taken the thing from %d!\n",m_id,i+2);
        LeaveCriticalSection(&PC_mutex);   // 退出缓冲区
}

int main(){
    DWORD n_thread=0;    // 线程数目
    DWORD thread_ID;     // 线程 ID
    HANDLE h_thread[20];   // 线程对象数组
    ThreadInfo thread_info[20]; // 初始化对象数组
    Emptymutex=CreateMutex(NULL,FALSE,LPCTSTR("mutex_for_emptycount"));
    Fullmutex=CreateMutex(NULL,FALSE,LPCTSTR("mutex_for_fullcount"));
    InitializeCriticalSection(&PC_mutex);   // 初始化临界区
    // 读取输入文件
    ifstream inFile;
    inFile.open("source1.txt");
    if(!inFile){
        printf("error in open file!\n");
        return -1;
    }
    while(inFile){
        inFile>>thread_info[n_thread].tid;
        inFile>>thread_info[n_thread].role;
        inFile>>thread_info[n_thread].delay;
        inFile.get();
        n_thread++;
    }
        // 创建进程
    for(int i=0;i<n_thread;i++){
        if(thread_info[i].role=='P'||thread_info[i].role=='p'){
        h_thread[i]=CreateThread(NULL,0,(LPTHREAD_START_ROUTINE)(ProducerThread),
            &thread_info[i],0,&thread_ID);
        }
        else{
        h_thread[i]=CreateThread(NULL,0,(LPTHREAD_START_ROUTINE)(ConsumerThread),
            &thread_info[i],0,&thread_ID);
        }
    }
    // 等待所有进程结束
    DWORD wait_for_all=WaitForMultipleObjects(n_thread,h_thread,true,-1);
    printf("All producer and consumer have finished operating!\n");
    //getch();
    return 0;
}
```

<hr/>

代码   12-2

```
#include <windows.h>
#include <stdio.h>
#include <conio.h>
#include <fstream>
#include <iostream>
struct ThreadInfo{
    int tid;              // 线程 id
    char role;            // 扮演角色 R/W
    double delay;         // 延迟时间（到达时间）
    double persist;       // 持续时间
```

```
};
int WriterCount;    // 写者个数
int ReaderCount;    // 读者个数
HANDLE Rmutex;        // 读者局部临界资源
HANDLE Wmutex;        // 写者局部临界资源
HANDLE Writemutex;  // 写资源
CRITICAL_SECTION RW_mutex; // 全局临界资源

using namespace std;

// 写者进程
void WriterThread(void *p){
    DWORD m_delay;
    DWORD m_persist;
    int m_id;
    // 从参数中获取信息
    m_delay=((ThreadInfo*)(p))->delay;
    m_persist=((ThreadInfo*)(p))->persist;
    m_id=((ThreadInfo*)(p))->tid;
    Sleep(m_delay); // 延迟等待
    printf("Writer thread %d sents the writing requires!\n",m_id);

    DWORD wait_for_Wmutex=WaitForSingleObject(Wmutex,-1);
    WriterCount++;// 写者队列
    if(WriterCount==1){
        EnterCriticalSection(&RW_mutex);
    }
    ReleaseMutex(Wmutex);

    // 执行写操作
    DWORD wait_for_Writemutex=WaitForSingleObject(Writemutex,-1);// 占据写资源
    printf("Writer thread %d begins to write!\n",m_id);
    Sleep(m_persist);
    printf("Writer thread %d finished writing!\n",m_id);
    ReleaseMutex(Writemutex);    // 释放写资源

    wait_for_Wmutex=WaitForSingleObject(Wmutex,-1);
    if(WriterCount==1){    // 当写者为最后一个时释放全局资源
        LeaveCriticalSection(&RW_mutex);
    }
    WriterCount--;
    ReleaseMutex(Wmutex);
}

// 读者线程
void ReaderThread(void *p){
    DWORD m_delay;
    DWORD m_persist;
    int m_id;// 从参数中获取信息
    m_delay=((ThreadInfo*)(p))->delay;
    m_persist=((ThreadInfo*)(p))->persist;
    m_id=((ThreadInfo*)(p))->tid;
    Sleep(m_delay); // 延迟等待
    printf("Reader thread %d sents the reading requires!\n",m_id);
    // 如果有读者在等待获取全局资源，则被阻塞
    DWORD wait_for_Wmutex=WaitForSingleObject(Wmutex,-1);
```

```
        // 写者局部资源释放
        ReleaseMutex(Wmutex);
        DWORD wait_for_Rmutex=WaitForSingleObject(Rmutex,-1);
        if(ReaderCount==1){
            EnterCriticalSection(&RW_mutex);
        }
        ReaderCount++;
        ReleaseMutex(Rmutex);

        // 执行读操作
        printf("Reader thread %d begins to read!\n",m_id);
        Sleep(m_persist);
        printf("Reader thread %d finished reading!\n",m_id);

        wait_for_Rmutex=WaitForSingleObject(Rmutex,-1);
        ReaderCount--;
        if(ReaderCount==1){    // 当读者为最后一个时释放全局资源
            LeaveCriticalSection(&RW_mutex);
        }
        ReleaseMutex(Rmutex);
}
int main(){
    DWORD n_thread=0;   // 线程数目
    DWORD thread_ID;    // 线程ID
    HANDLE h_thread[20];   // 线程对象数组
    ThreadInfo thread_info[20]; // 初始化对象数组
    Rmutex=CreateMutex(NULL,FALSE,LPCTSTR("mutex_for_readercount"));
    Wmutex=CreateMutex(NULL,FALSE,LPCTSTR("mutex_for_writercount"));
    Writemutex=CreateMutex(NULL,FALSE,LPCTSTR("mutex_for_write"));
    InitializeCriticalSection(&RW_mutex);    // 初始化临界区
    // 读取输入文件
    ifstream inFile;
    inFile.open("source2.txt");
    if(!inFile){
        printf("error in open file!\n");
        return -1;
    }
    while(inFile){
        inFile>>thread_info[n_thread].tid;
        inFile>>thread_info[n_thread].role;
        inFile>>thread_info[n_thread].delay;
        inFile>>thread_info[n_thread].persist;
        inFile.get();
        n_thread++;
    }
    // 创建进程
    for(int i=0;i<n_thread;i++){
        if(thread_info[i].role=='R'||thread_info[i].role=='r'){
h_thread[i]=CreateThread(NULL,0,(LPTHREAD_START_ROUTINE)(ReaderThread),&thread_
    info[i],0,&thread_ID);
        }
        else{
h_thread[i]=CreateThread(NULL,0,(LPTHREAD_START_ROUTINE)(WriterThread),&thread_
    info[i],0,&thread_ID);
        }
    }
```

```
    // 等待所有进程结束
    DWORD wait_for_all=WaitForMultipleObjects(n_thread,h_thread,true,-1);
    printf("All reader and writer have finished operating!\n");
    getch();
    return 0;
}
```

代码　12-3

```
#include <iostream>
#include <Windows.h>
#include <stdio.h>
#include <stdlib.h>
#include <time.h>
using namespace std;
static int ticket=0;   // 设置初始的已售出票数

HANDLE tickets;        // 设置票池互斥量
LARGE_INTEGER nFrequency;

// 窗口 1 线程
void threadWindow1(void *p)
{
    while(1)
    {
        WaitForSingleObject(tickets,INFINITE);  // 等待信号量
        if(ticket>=100)
        {
        Sleep(100);
        printf(" Sorry! All the tickets have sold out!\n");
        break;
        }
    // 在线程中生成不同的随机数
    if(::QueryPerformanceFrequency(&nFrequency)){
    LARGE_INTEGER nStartCounter;

    ::QueryPerformanceCounter(&nStartCounter);

    ::srand((unsigned)nStartCounter.LowPart);
    }
    int temporary; // 临时变量
    temporary = rand();
    int numberOfTicket =temporary%3+1;   // 本次售出的票数
        ticket=ticket+numberOfTicket;
    int ticketLeft = 100 - ticket;    // 余票
    if(ticketLeft<0){    // 若本次售出票数大于剩余票数
        ticketLeft = 100 - ticket + numberOfTicket;
        printf("window 1:have sold %d ticket,and 0 tickets left!!\n",
            ticketLeft);
    }
    else{
    printf("window 1:have sold %d ticket,and %d tickets left!!\n", numberOfTicket,
        ticketLeft);
    }
            ReleaseMutex(tickets); // 释放信号量
```

```
        }
    }

// 窗口 2 线程
void threadWindow2(void *p)
{
    while(1)
    {
        WaitForSingleObject(tickets,INFINITE);
        if(ticket>=100)
        {
        Sleep(100);
            printf(" Sorry! All the tickets have sold out!\n");
            break;
        }
            if(::QueryPerformanceFrequency(&nFrequency))


        {

            LARGE_INTEGER nStartCounter;

            ::QueryPerformanceCounter(&nStartCounter);

            ::srand((unsigned)nStartCounter.LowPart);

        }
            int temporary;
            temporary = rand();
            int numberOfTicket =temporary%3+1;
            ticket=ticket+numberOfTicket;
            int ticketLeft = 100 - ticket;
            if(ticketLeft<0){
                ticketLeft = 100 - ticket + numberOfTicket;
                printf("window 2:have sold %d ticket,and 0 tickets left!!\n", ticketLeft);
            }
            else{
                printf("window 2:have sold %d ticket,and %d tickets left!!\n", numberOfTicket,
                    ticketLeft);
            }
                //cout<<"window 2：卖出了 "<<ticket<<" 张票 "<<endl;
                ReleaseMutex(tickets);
    }
}

// 窗口 3 线程
void threadWindow3(void *p)
{
    //HANDLE handle = *(HANDLE *)lpvoid;
    while(1)
    {
            WaitForSingleObject(tickets,INFINITE);
            if(ticket>=100)
            {
              Sleep(100);
              printf(" Sorry! All the tickets have sold out!\n");
```

```
                break;
            }
                if(::QueryPerformanceFrequency(&nFrequency))

    {

        LARGE_INTEGER nStartCounter;

        ::QueryPerformanceCounter(&nStartCounter);

        ::srand((unsigned)nStartCounter.LowPart);


    }

        int temporary;
        temporary = rand();
        int numberOfTicket =temporary%3+1;
        ticket=ticket+numberOfTicket;
        int ticketLeft = 100 - ticket;
        if(ticketLeft<0){
        ticketLeft = 100 - ticket + numberOfTicket;
        printf("window 3:have sold %d ticket,and 0 tickets left!!\n", ticketLeft);
        }
        else{
        printf("window 3:have sold %d ticket,and %d tickets left!!\n", numberOfTicket,
            ticketLeft);
        }
        //cout<<"window 3: 卖出了 "<<ticket<<" 张票 "<<endl;
        ReleaseMutex(tickets);
    }
}


int main()
{
    HANDLE mutexHandle =CreateMutex(NULL,FALSE,LPCTSTR("mutex_for_tickets"));
        // 创建信号量 , 类似于配 " 锁 "
    HANDLE handleThread1; // 创建句柄
    DWORD dwThread1;
    handleThread1 = CreateThread(NULL,0,(LPTHREAD_START_ROUTINE)(threadWindow1),
        &mutexHandle,0,&dwThread1); // 创建线程
    if(handleThread1 == NULL)
    {
        return -1;
    }

    HANDLE handleThread2;
    DWORD dwThread2;
    handleThread2 = CreateThread(NULL,0,(LPTHREAD_START_ROUTINE)(threadWindow2),
        &mutexHandle,0,&dwThread2); // 创建线程
    if(handleThread2 == NULL)
    {
        return -1;
    }
```

```
    HANDLE handleThread3;
    DWORD dwThread3;
    handleThread3 = CreateThread(NULL,0,(LPTHREAD_START_ROUTINE)(threadWindow3),
        &mutexHandle,0,&dwThread3); // 创建线程
    if(handleThread3 == NULL)
    {
        return -1;
    }
    // 异常判断

    Sleep(2000); // 睡眠函数，避免发生主函数先运行完毕
    return 0;
}
```

12.8　实验报告

同步与互斥实验报告

【第一部分】实验内容掌握程度测试

1. 基础知识

- 说明本实验用到的 API 函数以及这些函数的作用。

_____

_____

_____

- 说明同步与互斥的区别和联系。

_____

_____

_____

_____

2. 实验知识

- 请写出读者与写者的 PV 操作。

_____

_____

_____

_____

3. 实验内容

（1）生产者与消费者问题（CP 问题）

- 程序中有几个生产者？有几个消费者？

_____

_____

_____

_____

- 消费者从缓冲区读到的数据都是由同一个生产者生产的吗？

- 消费者的读取操作和生产者的写入操作有什么先后关系？

- 消费者所读取的数据总量和生产者所生产的数据总量有什么关系？

（2）读者 – 写者问题（RW 问题）
- 写出用读者优先的方法解决问题的代码。

- 写者可以同时写吗？在代码中如何体现？

- 读者和写者的优先顺序是怎样的？在代码中如何体现？

- 程序中有读者或者写者饿死的问题吗？为什么？

- 读者并发读的表现是什么？

  _____
  _____
  _____

- 写者的写操作之后可以没有读者读就执行下一个写者的写操作吗？为什么？

  _____
  _____
  _____
  _____

（3）电影院售票问题
- 解决电影院售票问题的关键是什么？

  _____
  _____
  _____

- 在多线程问题中，生成随机数需要注意什么问题？

  _____
  _____
  _____

- 是否有其他方法能够解决电影院售票问题？

  _____
  _____
  _____
  _____

（4）哲学家就餐问题
- 写出解决哲学家就餐问题的代码。

  _____
  | |
  | |
  | |
  | |
  | |
  |_____|

- 在哲学家就餐问题中，导致死锁的原因有哪些？

  _____
  _____
  _____
  _____

- 解决哲学家就餐问题有哪几种方法，它们分别破坏了死锁的什么条件？

_____

_____

_____

_____

4. 运行结果分析

_____

_____

_____

_____

5. 实验总结（实验完成情况、遇到的问题以及解决办法）

_____

_____

_____

_____

【第二部分】知识掌握程度自我评价

知 识 点	掌 握	了 解	未 掌 握
理解原子操作、同步、互斥、信号量、临界区等基本概念	☐	☐	☐
掌握进程同步与互斥原理	☐	☐	☐
掌握经典同步算法模型：生产者与消费者模型、读者—写者模型、哲学家就餐模型等	☐	☐	☐
具备读懂伪代码并转化为可执行代码的能力	☐	☐	☐

第 13 章
银行家算法实验

多个进程在竞争资源的过程中，有可能因为资源分配不当发生死锁。银行家算法是一个著名的避免死锁策略。本实验将在 VS 2015 下编写程序，模拟计算机资源的调度，并实现银行家算法，以避免死锁。

13.1 实验目的

通过本章实验，读者应达到以下目标：

1）理解死锁的概念及死锁产生的原因。

2）掌握避免死锁的方法，理解安全状态和不安全状态的概念。

3）理解银行家算法，并应用银行家算法来避免死锁。

13.2 实验准备

1）掌握 VS 2015 下程序开发和调试的方法。

2）了解银行家算法的原理。

3）了解如何利用银行家算法避免不安全状态。

4）了解输入 / 输出重定向的概念和基本方法。

13.3 基本知识及原理

1. 死锁的基本概念、必要条件及处理方法

1）**死锁**：多个进程在执行过程中，因为竞争资源会造成相互等待的局面。如果没有外力作用，这些进程将永远无法向前推进。此时称系统处于死锁状态或者系统产生了死锁。

2）**产生死锁的必要条件**：在运行过程中进程要产生死锁必须同时具备互斥条件、请求和保持条件、不可抢占条件以及循环等待条件这四个必要条件。

3）**处理死锁的方法**：目前处理死锁的方法有以下四种：预防死锁、避免死锁、检测死锁以及解除死锁。预防死锁是通过破坏产生死锁的四个必要条件来预防死锁；避免死锁是通过某种方法防止系统进入不安全状态来避免死锁，本章要讲的银行家算法就是一种典型的避免死锁的方法。检测死锁和解除死锁分别检测系统是否已经发生死锁，并从死锁状态中解脱出来。

2. 安全序列和安全状态

1）**安全序列**：对于一个进程序列 $\{P_1, \cdots, P_n\}$，如果对于每个进程 $P_i(1 \leq i \leq n)$，以

后所需的资源数量不超过系统当前剩余的资源量和所有进程 P_j ($j < i$) 当前占用资源之和，则称序列 $\{P_1, \cdots, P_n\}$ 为一个安全序列。

2）安全状态：如果存在一个由系统中所有进程构成的安全序列 $P_1, \cdots, P_n$，则系统处于安全状态，安全状态一定是没有死锁发生。

3）不安全状态：在当前形式下不存在安全序列，则系统处于不安全状态。

3. 银行家算法

（1）银行家算法的概念

如果将操作系统的资源视为银行家管理的资金，进程向操作系统请求分配资源就好像用户向银行家贷款，那么操作系统可以像银行家一样，按照规则为进程分配资源。当进程首次申请资源时，操作系统要测试该进程对资源的最大需求量，如果系统现有的资源可以满足它的最大需求量，则按当前的申请量为其分配资源，否则就推迟分配。当进程在执行中继续申请资源时，操作系统先判断本次申请资源数是否超过剩余资源的总量，如果资源数未超过剩余资源总量，则进行分配，否则推迟分配。

（2）银行家算法的基本思想

分配进程请求资源之前，先判断系统在将这些资源分配给进程后，是否会使系统处于安全状态，若处于安全状态则分配资源，否则不进行分配。该算法是典型的避免死锁的算法。

（3）银行家算法的数据结构

1）可利用资源向量 Available：一个含有 m 个元素的数组，数组中的每个元素代表一类可利用资源的数目，其初始值是系统中所配置的该类全部可用资源的数目，其数值随该类资源的分配和回收而动态地改变。如果 Available[j] = K，则表示系统中现有 K 个 R_j 类资源。

2）最大需求矩阵 Max：一个 $n \times m$ 的矩阵，它定义了系统中 n 个进程中的每一个进程对 m 类资源的最大需求。如果 Max[i, j] = K，则表示进程 i 需要 R_j 类资源的最大数目为 K。

3）分配矩阵 Allocation：一个 $n \times m$ 的矩阵，它定义了系统中每一类资源当前已分配给每一进程的资源数。如果 Allocation[i, j] = K，则表示进程 i 当前已分得的 R_j 类资源的数目为 K。

4）需求矩阵 Need：一个 $n \times m$ 的矩阵，用于表示每一个进程尚需的各类资源数。如果 Need[i, j] = K，则表示进程 i 还需要 K 个 R_j 类资源方能完成任务。

（4）银行家算法的基本结构

设 $Request_i$ 是进程 P_i 的请求向量，如果 $Request_i$[j]=K，表示进程 P_i 需要 K 个 R_i 类型的资源。当 P_i 发出资源请求后，系统按下述步骤进行检查：

1）如果 $Request_i$[j] ≤ Need[i, j]，便转向步骤 2；否则认为出错，因为它所需要的资源数已超过它所宣布的最大值。

2）如果 $Request_i$[j] ≤ Available[j]，便转向步骤 3；否则表示尚无足够资源，P_i 需等待。

3）系统试着把资源分配给进程 P_i，并修改下面数据结构中的数值：

Available[j] = Available[j] − $Request_i$[j];

Allocation[i, j] = Allocation[i, j] + $Request_i$[j];

Need[i, j] = Need[i, j] − $Request_i$[j];

4）系统在安全状态下执行，每次资源分配前都检查此次资源分配后系统是否仍处于安全状态。若处于安全状态，则将资源分配给进程 P_i；否则，本次试探分配行为无效，恢复原来的资源分配状态，让进程 P_i 等待。

（5）安全性算法

在银行家算法中，判断系统是否处于安全状态的算法如下。

1）设置两个向量：①工作向量 Work：表示系统可提供给进程继续运行所需的各类资源的数量，它含有 m 个元素，在执行安全算法开始时，Work := Available；②Finish：表示系统是否有足够的资源分配给进程，使之完成运行。开始时先做 Finish[i]:= false；当有足够资源分配给进程时，再令 Finish[i]:= true。

2）从进程集合中找到一个能满足下述条件的进程：

- Finish[i] = false
- Need[i, j] ≤ Work[j]

如果找到，执行步骤 3，否则执行步骤 4。

3）设当进程 P_i 获得资源后，可顺利执行，直至完成，并释放出分配给它的资源，故应执行：

```
Work[j] = Work[i] + Allocation[i, j];
Finish[i] = true;
go to step 2;
```

4）若所有进程都满足 Finish[i] = true，则表示系统处于安全状态，否则表示系统处于不安全状态。

13.4 实验说明

1）本实验将采用数组模型来模拟实现银行家算法。

2）程序使用输入重定向的方式进行数据输入，初始数据通过重定向实现文件输入，后续操作通过再次重定向实现标准键盘输入。

3）部分 API 说明：

```
void ShowInfo();            // 显示进程初始信息
void SafeInfo(int i);       // 显示安全状态判断过程信息
int IsSafe();               // 判断系统当前是否为安全状态
```

4）实验数据如表 13-1 所示。

表 13-1 银行家算法测试数据

5	4		
2	0	1	1
0	1	2	1
4	0	0	3
0	2	1	0
1	0	3	0
1	2	0	3
0	1	3	1
1	1	0	2
1	3	2	0
2	0	1	3
1	2	2	2

数据说明：第一行第一个数据"5"表示共有 5 个进程，第二个数据"4"表示每个进程需要 4 种资源；第 2~6 行分别表示每个进程需要的各类资源数量；第 7~11 行表示每个资源已经占有的资源数量。第 12 行表示系统拥有的资源数量。

13.5　实验内容

1）创建 VS 工程 banker，将银行家算法实验源代码 13-1 添加到该工程中。

2）将表 13-1 中的测试数据写入文本文件 in.txt 中，放在 VS 工程 .c 代码所属文件夹下。

3）阅读代码，根据银行家算法认真思考 int IsSafe() 函数的工作原理，以及该函数是如何生成一个安全序列的，思考是否有更高效的方法来实现同样的功能。

4）执行程序。依次执行以下实验步骤，观察实验结果。

① 运行程序，观察程序 T0 时刻的资源分配情况及安全状态。

② P2 请求资源：为进程 P2 分配资源 (1, 0, 0, 2)，观察实验结果，并思考为什么。

③ P1 请求资源：为进程 P1 分配资源 (0, 2, 0, 0)，观察实验结果，并思考为什么。

④ P0 请求资源：为进程 P0 分配资源 (2, 0, 1, 0)，观察实验结果，并思考为什么。

⑤ P1 请求资源：为进程 P1 分配资源 (0, 1, 2, 0)，观察实验结果，并思考为什么。

5）完成实验报告。

13.6　实验总结

1）本实验提供了一个银行家算法的实现代码，示例代码 13-1 的初始化运行结果如图 13-1 所示，厘清资源分配过程以及安全性判断过程是本次实验的关键。

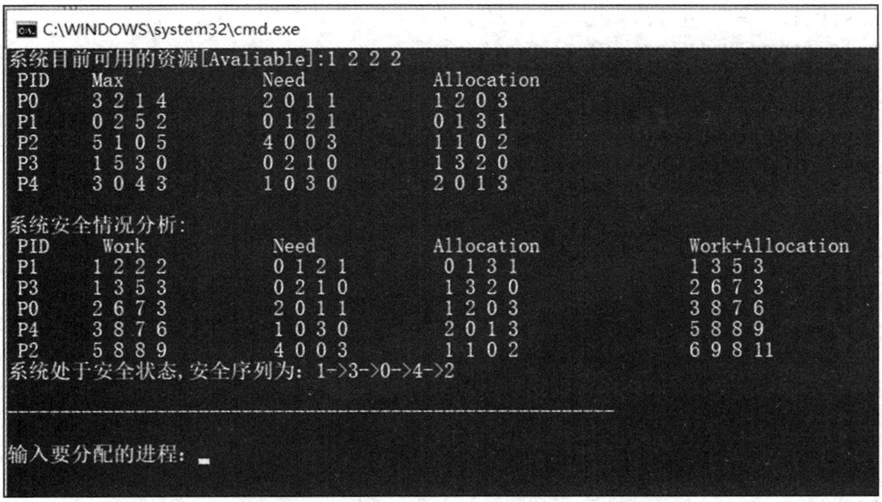

图 13-1　示例代码 13-1 初始化运行结果

2）附加任务：使用 win32 API 实现多线程模拟银行家算法，参考代码见代码 13-2，运行结果如图 13-2 所示。

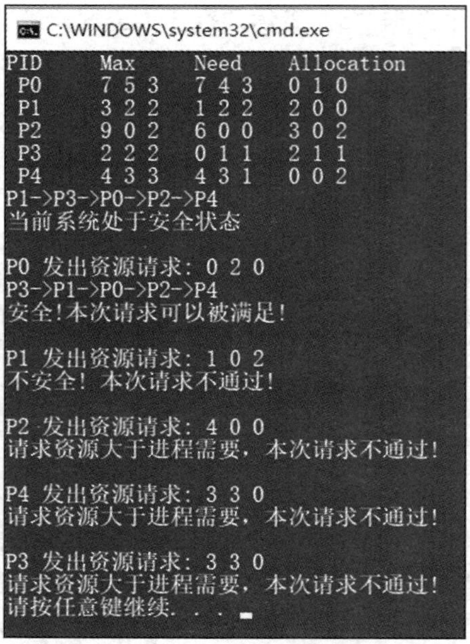

图 13-2 使用 win32 API 模拟银行家算法

13.7 参考代码

代码 13-1

```c
#include<stdio.h>
#include<stdlib.h>
#define M 100
int Available[M] = { 0 };          // 可用资源数组
int Max[M][M] = { 0 };             // 最大需求矩阵
int Allocation[M][M] = { 0 };      // 分配矩阵
int Need[M][M] = { 0 };            // 需求矩阵
int Request[M] = { 0 };            // 资源请求数组
int Work[M] = { 0 };               // 存放系统可提供资源
int Finish[M];                     // 系统是否有足够资源加以分配
int safeSeries[M] = { 0 };         // 存放安全序列
int P = 0;                         // 进程数
int R = 0;                         // 资源数

void ShowInfo();                   // 显示进程初始信息
void SafeInfo(int i);              // 显示安全状态的判断过程信息
int IsSafe();                      // 判断是否为安全

int main() {
    int i, j, curProcess;
    freopen("in.txt", "r", stdin);   // 输入重定向,输入数据将从 in.txt 文件中读取
    scanf("%d%d", &P, &R);           //P=5;R=4
    for (i = 0; i < P; i++) {        // 输入 P 个进程,当前还需要资源数量 Need
        for (j = 0; j < R; j++) {
            scanf("%d", &Need[i][j]);
            Max[i][j] += Need[i][j];
        }
    }
```

```
for (i = 0; i < P; i++) {      // 输入 P 个进程，当前已分配的资源数量为 Allocation
    for (j = 0; j < R; j++) {
        scanf("%d", &Allocation[i][j]);
        Max[i][j] += Allocation[i][j];
    }
}
for (j = 0; j < R; j++)        // 输出目前可用的资源量 &Available
    scanf("%d", &Available[j]);

freopen("CON", "r", stdin); // 再次输入重定向

ShowInfo();                    // 显示进程初始信息
int isSafe = IsSafe();         // 判断系统是否安全

if (isSafe) {
    while (1) {
        printf("\n-------------------------------------------------\n");
        int judge = 1;

        printf("\n 输入要分配的进程: ");
        scanf(" %d", &curProcess);
        printf("\n 输入要分配给进程 P%d 的资源: ", curProcess);
        for (j = 0; j < R; j++) {
            scanf("%d", &Request[j]);
        }

        for (j = 0; j < R; j++) {                 // 判断请求资源是否合理
            if (Request[j] > Need[curProcess][j]){
                judge = 0;
                printf(" 错误，请求资源大于进程所需要的资源！\n");
                break;
            }
        }
        if (judge) {
            int wait = 0;
            for (j = 0; j < R; ++j) {
                if (Request[j] > Available[j]){    // 判断请求资源是否足够
                    wait = 1;
                    printf(" 资源不足，等待中！\n");
                    break;
                }
            }
            if (!wait) {
                for (j = 0; j < R; j++) {          // 尝试为进程分配请求资源
                    Available[j] -= Request[j];
                    Allocation[curProcess][j] += Request[j];
                    Need[curProcess][j] -= Request[j];
                }
                if (IsSafe()) {                    // 判断尝试分配后系统是否处于安全状态
                    printf("\n 此次资源请求分配成功！\n");
                    ShowInfo();
                }
                else {
                    for (j = 0; j < R; j++) {      // 撤销此次资源分配尝试
                        Available[j] += Request[j];
                        Allocation[curProcess][j] -= Request[j];
```

```
                                    Need[curProcess][j] += Request[j];
                    }
                    printf(" 分配失败！\n");
                    ShowInfo();
                }
            }
        }
    }
}

    return 0;
}

void ShowInfo() {
    int i, j;
    printf(" 系统目前可用的资源[Avaliable]:");
    for (j = 0; j < R; j++) {
        printf("%d ", Available[j]);
    }
    printf("\n PID\tMax\t\tNeed\t\tAllocation\n");
    for (i = 0; i < P; i++) {
        printf(" P%d\t", i);
        for (j = 0; j < R; j++) {
            printf("%d ", Max[i][j]);
        }
        printf("\t");
        for (j = 0; j < R; j++) {
            printf("%d ", Need[i][j]);
        }
        printf("\t");
        for (j = 0; j < R; j++) {
            printf("%d ", Allocation[i][j]);
        }
        printf("\n");
    }
}

void SafeInfo(int i) {
    int j;
    printf(" P%d\t", i);
    for (j = 0; j < R; j++) {
        printf("%d ", Work[j]);
    }
    printf("\t ");
    for (j = 0; j < R; j++) {
        printf("%d ", Need[i][j]);
    }
    printf("\t ");
    for (j = 0; j < R; j++) {
        printf("%d ", Allocation[i][j]);
    }
    printf("\t\t");
    for (j = 0; j < R; j++) {
        printf("%d ", Allocation[i][j] + Work[j]);
    }
    printf("\n");
}
```

```c
int IsSafe() {
    int count = 0, flag = 1;
    int i, j;
    for (j = 0; j < R; j++)
        Work[j] = Available[j];  // 建立一个 Available 的副本
    for (i = 0; i < P; i++) {
        Finish[i] = 0;                              // 初始化 Finish[] 数组
    }

    printf("\n 系统安全情况分析 : \n");
    printf(" PID\t Work\t\t Need\t\tAllocation\t\tWork+Allocation\n");
    for (i = 0; i < P; i++) {
        flag = 1;
        if (!Finish[i]){
            for (j = 0; j < R; j++) {
                if (Need[i][j] > Work[j]) {
                    flag = 0;
                    break;
                }
            }
            if (flag == 1) {
                Finish[i] = 1;
                SafeInfo(i);                        // 打印当前进程安全判断信息
                for (j = 0; j < R; j++)
                    Work[j] += Allocation[i][j];
                safeSeries[count++] = i;            // 记录目前的安全路径
                i = -1;                             // 从第一个进程开始循环
            }
        }
    }
    if (count == P) {                               // 安全状态，输出安全序列
        printf(" 系统处于安全状态，安全序列为: ");
        for (i = 0; i < count; i++) {
            printf("%d", safeSeries[i]);
            if (i < count - 1)
                printf("->");
        }
        printf("\n");
        return 1;
    }
    else {
        printf(" 系统处于不安全状态 !\n");
        return 0;
    }
}
```

代码 13-2

```c
#include <windows.h>
#include <stdio.h>
#include <stdlib.h>
#define P 5               // 默认 5 个进程
#define R 3               // 默认 3 种资源
HANDLE mutex;             // 互斥信号量，多个线程申请资源，只能有一个线程进行判断
int *Available;
int **Need;
```

```
int **Allocation;
int **Max;
struct v {
    int id;
    int *TP;
};
int IsSafe();
DWORD WINAPI Requestuest(LPVOID param) {
    int i;
    // 多个线程申请资源，只能有一个线程进行判断
    WaitForSingleObject(mutex, INFINITE);
    struct v *data = (struct v*)param;
    int flag = 1;
    printf("\nP%d 发出资源请求 :", data->id);
    for (i = 0; i<R; i++) {          /*Requestuest 超过 Need 或 Requestuest 超过能够提供的
        资源，就不满足条件 */
        if ((data->TP[i]>Need[data->id][i]) | (data->TP[i]>Available[i])) {
            flag = 0;
        }
        printf(" %d", data->TP[i]);
    }
    printf("\n");
    // 如果满足条件，判断是否安全
    if (flag == 1) {
        // 假设分配给它资源状态，判断是否安全
        for (i = 0; i<R; i++) {
            Available[i] -= data->TP[i];
            Allocation[data->id][i] += data->TP[i];
            Need[data->id][i] -= data->TP[i];
        }

        if (IsSafe() == 1) {
            printf(" 安全 ! 本次请求可以被满足 !\n");
        }
        else { // 不安全，就恢复到原来状态
            printf(" 不安全 ! 本次请求不通过 !\n");
            Available[i] += data->TP[i];
            Allocation[data->id][i] -= data->TP[i];
            Need[data->id][i] += data->TP[i];
        }
    }
    else {
        printf(" 请求资源大于进程需要，本次请求不通过 !\n");
    }
    flag = 1;
    ReleaseSemaphore(mutex, 1, NULL);
    return 0;
}
int main() {
    mutex = CreateSemaphore(NULL, 1, 1, NULL);
    // 默认 5 个进程 ， 3 种资源，以及默认赋予进程的一些资源
    int providion[R] = { 10,5,7 };
    int initial[P][R * 2] = { { 0,1,0,7,5,3 },{ 2,0,0,3,2,2 },{ 3,0,2,9,0,2 },
        { 2,1,1,2,2,2 },{ 0,0,2,4,3,3 } };
    int Request[P][R] = { { 0,2,0 },{ 1,0,2 },{ 4,0,0 },{ 3,3,0 },{ 3,3,0 } };
    int i, j;
```

```
// 初始化 Available 矩阵
Available = (int *)malloc(R * sizeof(int));
for (i = 0; i<R; i++)
    Available[i] = providion[i];
// 初始化 Allocation 矩阵
Allocation = (int **)malloc(P * sizeof(int *));
for (j = 0; j<P; j++)
    *(Allocation + j) = (int *)malloc(R * sizeof(int));
// 初始化 max 矩阵
Max = (int **)malloc(P * sizeof(int *));
for (j = 0; j<P; j++)
    *(Max + j) = (int *)malloc(R * sizeof(int));

// 初始化 Need 矩阵
Need = (int **)malloc(P * sizeof(int *));
for (j = 0; j<P; j++)
    *(Need + j) = (int *)malloc(R * sizeof(int));

for (i = 0; i<P; i++) {
    for (j = 0; j<R; j++) {
        Allocation[i][j] = initial[i][j];          // 当前某个进程所分配的资源
        Max[i][j] = initial[i][j + R];             // 某个进程需要的最大资源数
        Need[i][j] = Max[i][j] - Allocation[i][j]; // 计算每个进程还需要多少资源
        Available[j] -= Allocation[i][j];          // 计算分配某个进程资源后，可用资源的情况
    }
}

printf("PID\tMax\tNeed\tAllocation\n");
for (i = 0; i < P; i++) {
    printf(" P%d\t", i);
    for (j = 0; j < R; j++) {
        printf("%d ", Max[i][j]);
    }
    printf("\t");
    for (j = 0; j < R; j++) {
        printf("%d ", Need[i][j]);
    }
    printf("\t");
    for (j = 0; j < R; j++) {
        printf("%d ", Allocation[i][j]);
    }
    printf("\n");
}

if (IsSafe() == 1) {
    printf(" 当前系统处于安全状态 \n");
}
else {
    printf(" 当前系统处于不安全状态 \n");
}
/* 创建线程句柄，分配空间，5 个线程 */
HANDLE *ThreadHandle = (HANDLE *)malloc(P * sizeof(HANDLE));
for (i = 0; i<P; i++) {
    struct v *param = (struct v *)malloc(sizeof(struct v));
    param->id = i;// 标识每个线程
    param->TP = (int *)malloc(R * sizeof(int));
```

```
            for (j = 0; j<R; j++)
                param->TP[j] = Request[i][j];//将每个线程申请的资源传进去
            ThreadHandle[i] = CreateThread(NULL, 0, (LPTHREAD_START_ROUTINE)
                Requestuest, param, 0, NULL);
        }
        /* 使每个线程在主线程执行完之前就结束 */
        WaitForMultipleObjects(P, ThreadHandle, TRUE, INFINITE);
        return 0;
    }
// 判断是否处于安全状态
int IsSafe() {
    int i, j;
    int flag = 1;
    // 初始化 Work 矩阵
    int *Work = (int *)malloc(R * sizeof(int));
    for (i = 0; i<R; i++)
        Work[i] = Available[i];
    // 当前有多少可以提供的不同种类资源
    // 初始化 Finish 矩阵
    int *Finish = (int *)malloc(P * sizeof(int));
    for (i = 0; i<P; i++)
        Finish[i] = 0;
    // 判断是否安全
    for (i = 0; i<P; i++) {
        for (j = 0; j<R; j++) {
            if (Need[i][j]>Work[j])        // 需要的资源超过所能提供的资源
                flag = 0;
        }
        // 资源能够被满足，并且还没被放入安全队列中
        if (Finish[i] == 0 && flag == 1) {
            for (j = 0; j<R; j++) {
                /* 找到这样一个进程，就可以释放给它的资源，继续判断 */
                Work[j] += Allocation[i][j];
                Finish[i] = 1;
            }
            printf("P%d", i);
            if (i < P - 1)
                printf("->");
            i = -1;                   // 找到之后重新开始判断
        }
        else {
            /* 如果已经判断到最后一个进程，而且也不满足条件，说明找不到这样的进程，跳出循环 */
            if (i == P - 1) {
                break;
            }

        }
        flag = 1;
    }
    for (i = 0; i<R; i++) {
        if (Finish[i] == 0) {
            return 0;        // 不安全
        }
        if (i == R - 1 && Finish[i] == 1) {
            printf("\n");
```

```
            return 1;    // 安全
        }
    }
}
```

13.8 实验报告

银行家算法实验报告

【第一部分】实验内容掌握程度测试

1. 基础知识

● 银行家算法的基本思想是什么？

_____

_____

_____

_____

2. 实验知识

● 请写出银行家算法的数据结构及解释含义（考虑资源优化）。

_____

_____

_____

_____

3. 实验内容

● 根据程序绘制银行家算法程序的流程图。

● 分析死锁产生条件代码。

_____

_____

_____

_____

● 描述实验内容执行程序的 5 个步骤的实验结果并分析原因。

_____

_____

_____

_____

- 实验测试数据，测试完备性考虑及分析。

_____

_____

_____

_____

4.实验总结（实验完成情况、遇到的问题以及解决办法）

_____

_____

_____

_____

【第二部分】附加任务（选做）

使用 win32 API 实现多线程模拟银行家算法应用程序。

- 实现思路与常用函数总结。

_____

_____

_____

_____

【第三部分】知识掌握程度自我评价

知 识 点	掌 握	了 解	未 掌 握
理解死锁的概念，了解导致死锁的原因	☐	☐	☐
掌握死锁的避免方法，理解安全状态和不安全状态	☐	☐	☐
理解银行家算法并应用银行家算法避免死锁	☐	☐	☐
使用 win32 API 编写多进程程序实现银行家算法	☐	☐	☐
熟悉 VS 编程环境并掌握多数据跟踪调试技术	☐	☐	☐

第 14 章
内存管理实验

随着计算机硬件技术的不断发展，计算机系统的内存越来越大。计算机系统软件和应用软件所需的内存空间也与日俱增，如何使用内存管理机制来调和真实内存与所需内存之间的矛盾仍值得我们研究和思考。本实验将讨论内存管理的相关技术，读者将在本实验中编写程序，了解实现内存管理的方法。

14.1 实验目的

通过本实验，读者应达到如下要求：

1）了解 Windows XP/10 及 Linux 的内存管理机制。

2）掌握页面虚拟存储技术。

3）了解内存分配原理，特别是以页面为单位的虚拟内存分配方法。

4）学会使用 Windows XP/10 下内存管理的基本 API 函数。

5）了解进程中内存分配与虚拟内存分配的区别。

14.2 实验准备

1）实验环境：Windows XP/10+VS。

2）了解分段式和分页式内存管理的理论知识。

3）熟悉通过 MSDN 等工具查找 API 函数的方法。

14.3 基本知识及原理

1. 程序的内存分配

1）栈区：栈区（stack）由编译器自动分配、释放，用于存放函数的参数值、局部变量值等，其操作方式类似于数据结构中的栈。

2）堆区：堆区（heap）由程序员分配、释放 (使用 new/delete 或 malloc/free)，若程序员未释放堆区，该内存将在程序结束时被操作系统回收。注意，要区分堆区和数据结构中的堆这两个概念，堆的分配方式与链表类似。

3）全局区：全局区（static）用于存储全局变量和静态变量。初始化的全局变量和静态变量存储于同一区域，未初始化的全局变量和静态变量存放在与初始化的全局变量和静态变量相邻的区域。程序结束后全局区由系统释放。

4）文字常量区：文字常量区用于存放常量字符串，程序结束后由系统释放。

5）程序代码区：程序代码区用于存放函数体二进制代码。

堆和栈的区别如表 14-1 所示。

表 14-1 堆和栈的区别

项 目	栈	堆
申请方式	系统自动分配	需要由程序员向操作系统申请并指明大小，在 C 语言中使用 malloc 函数来分配
分配条件操作	若栈的剩余空间大于申请空间，则系统为程序分配内存，否则提示栈溢出	遍历链表（操作系统中用于记录空闲内存地址的链表），找到第一个空间大于申请空间的堆节点，将该节点从链表中删除，并将该节点对应的存储空间分配给程序
申请大小限制	在 Windows 下，栈是向低地址扩展的数据结构，是一块连续的内存区域，即栈顶的地址和栈的最大容量是系统预先规定好的。在 Windows 下，栈的大小是由编译器决定，通常为 1MB，如果申请的空间超过栈的剩余空间，将提示溢出。因此，能从栈获得的空间较小	堆是向高地址扩展的数据结构，系统通过链表结构来组织，因此是不连续的内存区域。遍历方向是从低地址列高地址。堆的大小受限于计算机系统中有效的虚拟内存。由此可见，堆获得的空间比较灵活，容量也比较大
申请效率	系统自动分配，速度较快，程序员无法控制	由 malloc 分配内存，使用方便，但是速度较慢，且容易产生内存碎片

2. Windows 系统存储器管理的相关知识

（1）页面文件

页面文件以磁盘文件的形式存储没有装入内存的程序和数据文件部分，文件名为 pagefile.sys，默认安装在系统盘的根目录下，属性为系统隐藏文件。通过系统设置可以使页面文件位于非系统盘的根目录下。

（2）虚拟内存

页面文件和物理内存共同构成"虚拟内存"。必要情况下，Windows 操作系统可将数据从页面文件移至内存，或将数据从内存移至页面文件，以便为新数据释放内存空间。

（3）Windows 的虚拟存储技术

Windows 采用分页存储方式实现虚拟内存技术，利用页面文件在内存中的调入 / 调出实现物理内存的扩展。

（4）虚拟内存的页面状态

- 提交页面：已经分得物理存储的虚拟地址页面，通过设定该区域的属性可对它加以保护。
- 保留页面：已分配逻辑页面，但尚未分配物理存储的页面，即为某些进程保留的一部分虚拟地址，这些地址不能分配给其他进程使用。
- 空闲页面：可以保留或提交的可用页面，对当前的进程来说是不可存取的。

（5）页面操作

- 保留：保留进程的虚拟地址空间，而不分配物理存储空间。
- 释放：释放全部物理存储和虚拟地址空间。
- 提交：为进程的虚拟地址分配物理存储空间，可以对处于空闲、保留、提交状态的页面进行提交操作。

- 回收：释放物理内存空间，保留虚拟地址空间。
- 加锁：对已提交的页面进行加锁，使得页面常驻内存而不会产生缺页现象。
- 解锁：对已加锁的页面进行解锁操作。

3. Linux 系统知识

（1）地址空间

Linux 采用的是 32 位线性地址模式，将内存物理空间映射到虚拟地址空间。在 32 位线性地址的 4GB 虚拟空间中，从 0XC0000000 到 0XFFFFFFFF，有 1GB 可作为内核空间。每个进程都有自己的 3GB 用户空间，它们共享 1GB 的内核空间。

（2）地址映射

不管是用户程序还是系统内核程序，在运行之前必须先装入物理内存，而 Linux 中的所有程序都是通过虚拟地址表示的。因此，建立物理地址空间和虚拟地址空间的映射关系，完成从虚拟地址到物理地址的转换，这是内存管理单元必须处理的事情。

（3）Linux 虚拟内存管理

1）虚拟内存的实现机制如图 14-1 所示。

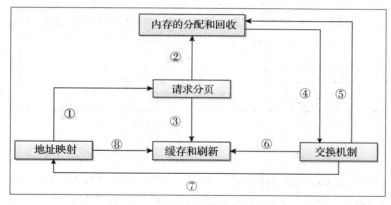

图 14-1　虚拟内存的实现机制

2）请求分页：首先，内存管理程序通过映射机制把用户程序的逻辑地址映射到物理地址，在用户程序运行时，如果发现程序中要用的虚拟地址没有对应的物理地址，就发出请求分页要求（①），如果有空闲的内存可供分配，就请求分配内存（②），并把正在使用的物理页记录在页缓存中（③）；如果没有足够的内存分配，就调用交换机制，腾出一部分内存（④⑤）。另外，在地址映射中要通过 TLB（翻译后援存储器）来寻找物理页（⑧），交换机制中要用到交换缓存（⑥），并且把物理页的内容交换到交换文件中也要修改页表来映射文件地址（⑦）。

3）进程地址映射的数据结构如下：

- mm_struct：用来描述一个进程的虚拟内存。
- vm_area_struct：描述一个进程的虚拟地址区域，该区域中所有的页有部分相同的属性和相同的访问权限。
- page：描述一个具体的物理页面。

4）进程的内存分配：当进程通过系统调用动态分配内存时，Linux 首先分配一个 vm_

area_struct 结构，并链接到进程的虚拟内存链表，当后续指令访问这一内存区域时，会产生缺页异常。系统处理时，在分析缺页原因、操作权限之后，如果页面在交换文件中，则进入 do_page_fault() 中恢复映射的代码，重新建立映射关系；否则 Linux 会分配新的物理页，并建立映射关系。

5）换页策略：当物理内存不足时，就需要换出一些页面。Linux 采用最近最少使用（Least Recently Used，LRU）页面置换算法选择需要从系统中换出的页面。如图 14-2 所示，系统中每个页面都有一个"age"属性，这个属性会在页面被访问的时候改变。Linux 根据这个属性选择要回收的页面，同时为了避免页面"抖动"（即刚释放的页面又被访问），将页面的换出和内存页面的释放分两步来执行，在真正释放的时候只写回"脏"页面。这一任务由交换守护进程 kswapd 完成。free_pages_high、free_pages_low 是衡量系统中现有空闲页的标准，当系统中空闲页的数量少于 free_pages_high 甚至少于 free_pages_low 时，kswapd 进程会采用 3 种方法来减少系统正在使用的物理页的数量：①调用 shrink_mmap() 减少 buffercache 和 page cache 的大小；②调用 shm_swap() 将 system V 共享内存页交换到物理内存；③调用 swap_out() 交换或丢弃页。

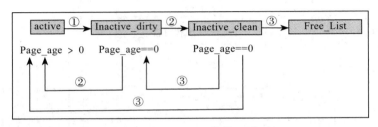

图 14-2   页面置换管理图

注意：

① refill_inactive_scan()：扫描活跃页面队列，从中找到可以转入不活跃状态的页面。

② page_launder()：把已经转入不活跃状态的"脏"页面"洗净"，使它们成为立即可以分配的页面。

③ reclaim_page()：从页面管理区的不活跃净页面队列中回收页面。

4. 页面置换算法

在虚拟存储器管理下，进程只需要将部分页面调入内存。在系统运行中，当进程需要执行的页面不在内存时，页面置换算法需要决定当前在内存中的哪个页将被调出，并将所需的页面调入内存中。

（1）缺页率

缺页率是用来衡量页面置换算法的一个重要指标，一个好的页面置换算法往往能保证较低的缺页率。影响缺页率的因素包括进程的内存物理块数、页面大小、程序的局限性及页面置换算法的优劣等。

当一个进程或作业进行内存访问时，若访问的页面已在内存中，则称此次访问成功；若访问的页面不在内存中，则产生缺页中断。假设访问页面的总次数为 S，其中产生缺页中断的访问次数为 F，则缺页率 f 为：

$$f = F / S$$

（2）最近最少使用（LRU）页面置换算法

LRU 页面置换算法每次选择过去最长时间未被使用的页面进行淘汰。根据局部性原理，该页面也是最近最不可能访问的页。LRU 算法虽然比较高效，但系统开销很大，在后续示例代码给出的实现方式中，每一页都添加了一个时间戳，在每次访问内存时，都对驻留在内存中的页面的时间戳进行更新。即使现实中有支持这种方案的硬件，开销也巨大。

我们用一个例子来说明 LRU 的置换过程。假设一个进程访问的页面顺序为：

2 3 2 1 5 2 4 5 3 2 5 2

为该进程分配的页框大小为 3，置换过程如图 14-3 所示。进程运行时先将（2 3 1）三个页面装入内存；进程访问页面 5 时，由于（2 3 1）中的页面 2 和页面 1 最近刚使用过，页面 3 使用的时间比页面 2 和页面 1 久，因此将页面 3 换出，页面 5 换入；当进程访问页面 2 时，页面 2 已在内存，不需要置换；当进程访问页面 4 时，由于页面 1 相对于页面 2 和页面 5 是最近最久未使用的，则页面 4 换入，页面 1 换出。依此算法进行直至完成。整个过程共发生 7 次缺页中断，缺页率为 7/12。

（3）先进先出（FIFO）页面置换算法

FIFO 页面置换算法认为最先进入内存的页面被使用的可能性越小，因此最先进入内存的页面或驻留时间最长的页面应该被淘汰。FIFO 算法是一种开销低、容易被用户理解和编程实现的页面置换算法，但性能相对较差，图 14-3 给出了 LRU 和 FIFO 的置换流程。

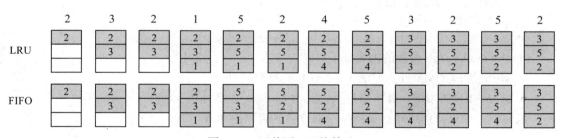

图 14-3　两种页面置换算法

14.4　实验说明

1. Windows 内存管理

内存管理实验通过操作页面文件，观察 Windows 系统内存的变化。

2. Windows 系统 API 函数

（1）GlobalMemoryStatusEx

获取存储系统的概况及程序存储空间的使用状况。

```
void GlobalMemoryStatusEx(LPMEMORYSTATUS  lpBuffer )
```

该函数是本实验重要的 API 函数，该函数无返回值，参数是一个指向名为 MEMORYSTATUS 的结构的指针。函数的返回信息会存储在 MEMORYSTATUS 结构中。

（2）VirtualQuery

查询一个进程的虚拟内存。

```
DWORD VirtualQuery(
    LPCVOID lpAddress,    // 指向查询页区域基地址的指针
    PMEMORY_BASIC_INFORMATION  lpBuffer,  // 查询信息返回到该缓冲区中
    SIZE_T   dwLength   // lpBuffer 指向缓冲区的大小
);
```

（3）VirtualAlloc

保留或提交某一范围的虚拟地址。

```
LPVOID VirtualAlloc(
    LPVOID lpAddress, // 分配内存区域的地址
    SIZE_T  dwSize,  // 要分配或者保留的区域的大小
    // 分配类型，页面状态（类型）: MEM_COMMIT（提交）或 MEM_RESERVE（保留）
    DWORD flAllocationType,
    DWORD flProtect            // 页面属性，指定了被分配区域的访问保护方式
);
```

返回值：如果调用成功，返回分配的首地址；否则，返回 NULL。可通过 GetLastError 函数来获取错误消息。

（4）VirtualFree

解除已被提交的或者释放被保留（或提交）的进程虚拟地址空间。

```
BOOL VirtualFree (
    LPVOID lpAddress, // 要释放的页面区域的地址
    SIZE_T  dwSize,  // 区域大小
    DWORD dwFreeType // 类型
);
```

其中，dwFreeTye 参数的内容如下：

- MEM_DECOMMIT：取消 VirtualAlloc 提交的页。
- MEM_RELEASE：释放指定页，此时 dwSize 必须为 0。

返回值：如果调用成功，返回一个非 0 值，否则返回 0。

（5）VirtualProtect

改变虚拟内存页的保护方式（操作的区块必须是由同一次分配动作保留或提交的区块）。

```
BOOL VirtualProtect(
    LPVOID lpAddress, // 目标地址起始位置
    SIZE_T dwSize, // 要变更的记忆体分页区域的大小
    DWORD flNewProtect,// 请求的保护方式
    PDWORD lpflOldProtect
// 输出参数，指向保护原保护属性值的 DWORD 变量，可以为 NULL
);
```

返回值：返回 BOOL 值，表示是否成功，可以使用 GetLastError 函数获取错误代码。

（6）VirtualLock 与 VirtualUnlock

- VirtualLock：对虚拟内存页加锁，以保证对它们的使用不会出现缺页现象。

```
VirtualLock(
    LPVOID lpAddress,
    SIZE_T dwSize
);
```

- VirtualUnlock：对加锁的虚拟内存页解锁。

```
VirtualUnlock(
    LPVOID lpAddress,
    SIZE_T dwSize
);
```

3. 相关数据结构

（1）部分数据释义

1）stat1,stat2：用来标识 VirtualQuery 与 GlobalMemoryStatusEx 的返回结果。

2）BASE_PTR：地址指针，记录虚存分配操作时返回的虚存起始地址。程序初始执行时并没有赋初值，所以在开始几次随机的虚存模拟活动中可能导致动作失败。

3）pageSet[]：用来存储内存中的页面编号。

（2）内存状态与内存基本信息

1）内存状态：

```
typedef struct _MEMORYSTATUS {
    DWORD dwLength;            // 内存状态结构的大小
    DWORD dwMemoryLoad;       // 已使用的内存百分比
    DWORD dwTotalPhys;        // 总的物理内存大小，以字节为单位
    DWORD dwAvailPhys;        // 可用物理内存大小，以字节为单位
    DWORD dwTotalPageFile;    // 可以存放在页面文件的字节数
    DWORD dwAvailPageFile;    // 可用的页面文件的大小，以字节为单位
    DWORD dwTotalVirtual;     // 用户模式下全部可用的虚拟地址空间大小，以字节为单位
    DWORD dwAvailVirtual;     // 用户模式下实际可用的地址空间大小，以字节为单位
} MEMORYSTATUSEX, *LPMEMORYSTATUSEX;
```

2）内存基本信息：

```
MEMORY_BASIC_INFORMATION {
    PVOID   BaseAddress;    // 指向页面区域的基地址的指针
    PVOID   AllocationBase; // 指向 VirutalAlloc 函数分配的页面范围的基地址的指针
    DWORD AllocationProtect;// 页面属性
    SIZE_T  RegionSize;     // 区域大小
    DWORD State;            // 区域中页面状态
    DWORD Protect;          // 取值可能与 AllocationProtect 相同
    DWORD Type;             // 内存块类型
} MEMORY_BASIC_INFORMATION, *PMEMORY_BASIC_INFORMATION;
```

其中，表示页面状态的变量 State 共有 3 种取值：

- 提交状态：MEM_COMMIT，状态码为 0x1000
- 释放状态：MEM_FREE，状态码为 0x10000
- 保留状态：MEM_RESERVE，状态码为 0x2000

表示内存块类型的变量 Type 共有 3 种取值：

- 镜像：MEM_IMAGE
- 映射：MEM_MAPPED
- 私有：MEM_PRIVATE

表示页面属性的变量 AllocationProtect 共有 6 种取值：

- 只读：PAGE_READONLY，状态码为 0x2
- 只读写：PAGE_READWRITE，状态码为 0x4
- 可执行：PAGE_EXECUTE，状态码为 0x10

- 可执行和读取：PAGE_EXECUTE_READ，状态码为 0x20
- 可执行读写：PAGE_EXECUTE_READWRITE，状态码为 0x40
- 不允许存储：PAGE_NOACCESS，状态码为 0x1

14.5 实验内容

实验一 Windows 页面操作实验

1）运行 VS，创建工程，并导入文件 virtumem.c 文件。

2）阅读代码，完成实验报告中的相关内容。

3）编译运行，观察页面文件和虚拟内存的变化。

实验二 页面置换算法

1）创建 VS 工程，动手实现 LRU、FIFO 算法。

2）打印两种算法的缺页过程、缺页次数和命中率等信息。

3）对实验结果进行分析，完成实验报告中的相关内容。

14.6 实验总结

1）程序运行结果如图 14-4 和图 14-5 所示。

```
==============================
虚拟内存的保留:
当前整体存储统计如下
物理内存总数: 16944963584(BYTES)
可用物理内存: 8544931840(BYTES)
页面文件总数: 20086760(KBYTES)
可用页面文件数: 8419712(KBYTES)
虚存空间总数: 140737488224256(BYTES)
可用虚存空间数: 140733109796864(BYTES)
物理存储使用负荷: 49%
****************************
开始地址:0Xae0000
区块大小:0X2000000
目前状态:0X2000
分配时访问保护:0X4
当前访问保护:0X0
========================================
```

图 14-4 实验一的运行结果

```
LRU的结果为
在第1,2,3,4,6,8,9,10,11,14,16,18次访问时发生页面中断
缺页次数为12
命中率为40.00%
++++++++++++++++++++++++++++++++++++++
FIFO的结果为
在第1,2,3,4,6,7,8,9,10,11,14,15,18,19,20次访问时发生页面中断
缺页次数为15
命中率为25.00%
```

图 14-5 实验二的运行结果

2）本实验的重点是掌握 Windows 平台下的内存管理机制，并学会 Windows 平台提供的若干存储器管理接口的使用方法。本实验对 Linux 的存储管理也有所提及，读者可以参考学习，以比较两种系统下存储管理的异同之处。

14.7 参考代码

代码 14-1

```c
//virtumem.c
#include<windows.h>
#include <stdio.h>

void printGlobalStatus(FILE* fp, MEMORYSTATUSEX Vmeminfo);
void printPageStatus(FILE* fp, MEMORY_BASIC_INFORMATION inspectorinfo1);
void printMess(char a[], FILE* fp, MEMORYSTATUSEX Vmeminfo, MEMORY_BASIC_
    INFORMATION inspectorinfo1);

int main(int argc, char* argv[])
    {
    FILE* fp = fopen("result.txt", "w+");// 输出到文件
    MEMORYSTATUSEX Vmeminfo;// 查询全局内存状态
    Vmeminfo.dwLength = sizeof(Vmeminfo);
    MEMORY_BASIC_INFORMATION inspectorinfo1;// 查询单个页面的状态
    int structsize = sizeof(MEMORY_BASIC_INFORMATION);
    LPVOID BASE_PTR = NULL;
    int stat1 = 0;
    int stat2 = 0;

    stat1 = GlobalMemoryStatusEx(&Vmeminfo);
    if (stat1)
        printGlobalStatus(fp, Vmeminfo);
    memset(&inspectorinfo1, 0, structsize);

    /* 保留页面操作 */
    BASE_PTR = VirtualAlloc(NULL, 1024 * 32 * 1024, MEM_RESERVE, PAGE_READWRITE);
    stat2 = VirtualQuery(BASE_PTR, &inspectorinfo1, structsize);/* 查询 VirtualAlloc
        之后的当前分配状态 */
    stat1 = GlobalMemoryStatusEx(&Vmeminfo);
    if (stat1&&stat2)
        printMess(" 虚拟内存的保留: ", fp, Vmeminfo, inspectorinfo1);
    memset(&inspectorinfo1, 0, structsize);// 结构体置 0

    /* 分提交页面操作 */
    BASE_PTR = VirtualAlloc(BASE_PTR, 1024 * 32 * 1024, MEM_COMMIT, PAGE_READWRITE);
    stat2 = VirtualQuery(BASE_PTR, &inspectorinfo1, structsize);/
    stat1 = GlobalMemoryStatusEx(&Vmeminfo);
    if (stat1&&stat2)
        printMess(" 虚拟内存的提交: ", fp, Vmeminfo, inspectorinfo1);
    memset(&inspectorinfo1, 0, structsize);

    /* 更改页面的保护属性 */
    DWORD OldProtect;
    VirtualProtect(BASE_PTR, 1024 * 32 * 1024, PAGE_READONLY, &OldProtect);
```

```
    stat2 = VirtualQuery(BASE_PTR, &inspectorinfo1, structsize);
    stat1 = GlobalMemoryStatusEx(&Vmeminfo);
    if (stat1&&stat2)
        printMess("更改页面的保护属性: ", fp, Vmeminfo, inspectorinfo1);
    memset(&inspectorinfo1, 0, structsize);

    /* 锁定页面 */
    VirtualLock(BASE_PTR, 1024 * 32 * 1024);
    stat2 = VirtualQuery(BASE_PTR, &inspectorinfo1, structsize);
    stat1 = GlobalMemoryStatusEx(&Vmeminfo);
    if (stat1&&stat2)
        printMess("锁定虚存内存页: ", fp, Vmeminfo, inspectorinfo1);
    memset(&inspectorinfo1, 0, structsize);

    /* 解锁页面 */
    VirtualUnlock(BASE_PTR, 1024 * 32 * 1024);
    stat2 = VirtualQuery(BASE_PTR, &inspectorinfo1, structsize);
    stat1 = GlobalMemoryStatusEx(&Vmeminfo);
    if (stat1&&stat2)
        printMess("解锁虚存内存页锁定: ", fp, Vmeminfo, inspectorinfo1);
    memset(&inspectorinfo1, 0, structsize);

    /* 释放虚拟地址空间 */
    VirtualFree(BASE_PTR, 0, MEM_RELEASE);
    DWORD lerr = GetLastError();
    stat2 = VirtualQuery((LPVOID)BASE_PTR, &inspectorinfo1, structsize);/* 查询
        VirtualFree 之后的当前分配状态 */
    stat1 = GlobalMemoryStatusEx(&Vmeminfo);
    GlobalMemoryStatusEx(&Vmeminfo);
    if (stat1&&stat2)
        printMess("释放虚拟内存: ", fp, Vmeminfo, inspectorinfo1);
    memset(&inspectorinfo1, 0, structsize);// 结构体置 0
    system("pause");
    return 0;
    }
    void printGlobalStatus(FILE* fp, MEMORYSTATUSEX Vmeminfo) {
    fprintf(fp, "当前整体存储统计如下 \n");
    fprintf(fp, "物理内存总数: %zu(BYTES)\n", Vmeminfo.ullTotalPhys);
    fprintf(fp, "可用物理内存: %zu(BYTES)\n", Vmeminfo.ullAvailPhys);
    fprintf(fp, "页面文件总数: %zu(KBYTES)\n", Vmeminfo.ullTotalPageFile / 1024);
    fprintf(fp, "可用页面文件数: %zu(KBYTES)\n", Vmeminfo.ullAvailPageFile / 1024);
    fprintf(fp, "虚存空间总数: %zu(BYTES)\n", Vmeminfo.ullTotalVirtual);
    fprintf(fp, "可用虚存空间数: %zu(BYTES)\n", Vmeminfo.ullAvailVirtual);
    fprintf(fp, "物理存储使用负荷: %d%%\n", Vmeminfo.dwMemoryLoad);
    }
    void printPageStatus(FILE* fp, MEMORY_BASIC_INFORMATION inspectorinfo1) {
    fprintf(fp, "开始地址:0X%x\n", inspectorinfo1.BaseAddress);
    fprintf(fp, "区块大小:0X%x\n", inspectorinfo1.RegionSize);
    fprintf(fp, "目前状态:0X%x\n", inspectorinfo1.State);
    fprintf(fp, "分配时访问保护:0X%x\n", inspectorinfo1.AllocationProtect);
    fprintf(fp, "当前访问保护:0X%x\n", inspectorinfo1.Protect);
    }
void printMess(char a[], FILE* fp, MEMORYSTATUSEX Vmeminfo, MEMORY_BASIC_
    INFORMATION inspectorinfo1) {
fprintf(fp, "\n=========================\n%s\n", a);
```

```
        printGlobalStatus(fp, Vmeminfo);
        fprintf(fp, "**************************\n");
        printPageStatus(fp, inspectorinfo1);
        fprintf(fp, "=================================\n\n\n\n");
}
```

代码　14-2

```c
//page.c
#include<stdio.h>
#include<string.h>
#include<stdlib.h>

#define pageNum 3

const int pageSeries[] = { 7, 0, 1, 2, 0, 3, 0, 4, 2, 3, 0, 3, 2, 1, 2, 0, 1,
    7, 0, 1 };
int pageSet[pageNum];
int pageSeriesSize = sizeof(pageSeries) / sizeof(pageSeries[0]);
struct Result
{
    int pageFaultLocation[100] = {0};
    int faultCount=0;
    double hitRate=0;
};
Result LRU();
Result FIFO();
void printResult(Result result);

int main() {
    memset(pageSet, -1, sizeof(pageSet));
    Result resultLRU = LRU();
    Result resultFIFO = FIFO();
    printf("LRU 的结果为 \n");
    printResult(resultLRU);
    printf("+++++++++++++++++++++++++++++++++++++++++\n");
    printf("FIFO 的结果为 \n");
    printResult(resultFIFO);

system("pause");
return 0;
}

int findarray(int array[], int start,int arrayLength, int value) {
    for (int i = start; i<arrayLength; i++)
    if (array[i] == value)return i;
return arrayLength;
}
void printResult(Result result) {
    printf(" 在第 ");
    for (int i = 0; i < result.faultCount - 1; i++)
        printf("%d,", result.pageFaultLocation[i]);
    printf("%d 次访问时发生页面中断 \n", result.pageFaultLocation[result.faultCount - 1]);
    printf(" 缺页次数为 %d\n", result.faultCount);
    printf(" 命中率为 %.2f%%\n", result.hitRate * 100);
```

```
    }

Result LRU() {
int visitPoint = 0;
int visit[100];
memset(visit, 0, sizeof(visit));
int UsePageNum = 0;

Result result;

while (visitPoint<pageSeriesSize) {

    for (int i = 0; i<pageNum; i++)
        visit[i]++;

    if (UsePageNum == 0) {
        pageSet[UsePageNum++] = pageSeries[visitPoint];
        result.pageFaultLocation[result.faultCount++] = visitPoint+1;
    }
    else if (UsePageNum<pageNum) {                    // 还有物理块
        int index = findarray(pageSet, 0,pageNum, pageSeries[visitPoint]);
        if (index == pageNum) {                       // 没有找到
            pageSet[UsePageNum] = pageSeries[visitPoint];
            visit[UsePageNum] = 0;
            UsePageNum++;
            result.pageFaultLocation[result.faultCount++] = visitPoint + 1;
        }
        else {                                        // 找到了

            visit[index] = 0;
        }
    }
    else {
        int index = findarray(pageSet, 0,pageNum, pageSeries[visitPoint]);
        if (index == pageNum) {                       // 没有找到
            int maxIndex = 0;
            for (int i = 0; i<pageNum; i++) {
                if (visit[maxIndex] <= visit[i])
                    maxIndex = i;
            }
            pageSet[maxIndex] = pageSeries[visitPoint];
            visit[maxIndex] = 0;
            result.pageFaultLocation[result.faultCount++] = visitPoint + 1;
        }

        else {                                        // 找到了
            visit[index] = 0;
        }
    }
    visitPoint++;

}
result.hitRate = double(pageSeriesSize - result.faultCount)/pageSeriesSize;
return result;
}
```

```
Result FIFO() {
    int visitPoint = 0;
    int page[100];
    memset(page,-1, sizeof(page));
    int head = 0;
    int tail = 0;
    Result result;
while (visitPoint<pageSeriesSize) {
    if (tail-head<pageNum) {                    //还有物理块
        int index = findarray(page,head,tail,pageSeries[visitPoint]);
        if (index == tail) {                    //没有找到
            page[tail++] = pageSeries[visitPoint];
            result.pageFaultLocation[result.faultCount++] = visitPoint + 1;
        }
    }
    else {

        int index = findarray(page, head, tail, pageSeries[visitPoint]);
        if (index == tail) {                    //没有找到
            page[tail++] = pageSeries[visitPoint];
            head++;
            result.pageFaultLocation[result.faultCount++] = visitPoint + 1;
        }
    }
    visitPoint++;

}
result.hitRate = double(pageSeriesSize - result.faultCount) / pageSeriesSize;
return result;
    }
```

14.8 实验报告

内存管理实验报告

【第一部分】实验内容掌握程度测试

1. 基础知识

- 说明虚拟存储器定义及其特征。

_____

_____

_____

- 请求分页虚拟存储管理中需要的硬件支持及管理策略问题。

_____

_____

_____

_____

- 说明页面调度对系统性能的影响。

  _____
  _____
  _____
  _____

2. 实验知识
- 根据内存分配机制填空并指明占用的内存类型。

```
int a = 0; _____
char *p1; _____
int main(void)
{
    int b; _____
    char s[] = "abc"; _____
    char *p2; _____
    char *p3 = "123456"; _____
    static int c =0; _____ 、
    p1 = (char *)malloc(10); _____
    p2 = (char *)malloc(20); _____
    strcpy(p1, "123456"); _____
}
```

- pagefile.sys 文件的位置在_____。
- 此文件的作用是_____。
- 改变此文件大小的方法是_____。
- 虚拟地址空间中的页面分为提交页面、_____、_____。
- 页面的操作分为_____。
- 由 C/C++ 编译的程序占用的内存分为 5 个部分，分别是_____。
- 由 new 分配的内存和 VirtualAlloc 分配的内存有什么不同?

  _____
  _____
  _____
  _____

- 栈和堆的区别有哪些?

  _____
  _____
  _____
  _____

- 页面属性是在结构体_____的字段和字段_____中体现出来的。

3. 实验内容
- 将 virtumem.cpp 加入工程，并编译、执行。
- 是否能编译成功?

- 请描述运行结果。

- 请通过运行结果描述六种虚拟操作后虚拟存储空间和系统存储资源的变化。

4. 编写程序

实现 FIFO、LRU 的页面置换算法。

- **源程序**

- **程序结果显示**

- FIFO 页面的置换过程

- LRU 页面的置换过程

- FIFO 与 LRU 的异同

5. 实验总结（实验完成情况、遇到的问题以及解决办法）

_____

_____

_____

_____

【第二部分】知识掌握程度自我评价

知 识 点	掌　握	了　解	未　掌　握
了解 Windows XP/10 及 Linux 的内存管理机制	☐	☐	☐
掌握页面虚拟存储技术	☐	☐	☐
了解内存分配原理及以页面为单位的虚拟内存分配方法	☐	☐	☐
学会使用 Windows XP/10 下内存管理的基本 API 函数	☐	☐	☐
了解进程中内存分配与虚拟内存分配的区别	☐	☐	☐
掌握程序中同数据在内存中的存放和销毁方式	☐	☐	☐
掌握 C/C++ 多线程编程技术	☐	☐	☐

第 15 章
文件系统实验

　　文件系统是一个复杂的软件系统，它为用户提供了数据管理的接口。本实验将讲解文件系统的原理以及文件的组织方式。读者在本章实验中，将通过模拟文件系统的实现来加强对文件系统的理解。

15.1　实验目的

　　通过本章实验，读者应达到如下要求：
　　1）熟悉和理解文件系统的概念和文件系统的类型。
　　2）了解 Linux 文件组织和管理的知识。
　　3）了解文件系统的功能及实现原理。

15.2　实验准备

　　1）初步了解文件系统的工作原理。
　　2）了解 EXT2 文件系统的结构。
　　3）了解文件系统相关的系统调用知识。

15.3　基本知识及原理

　　1. 文件系统
　　文件系统是操作系统中负责存取和管理信息的模块，它用统一的方式实现用户和系统信息的存储、检索、更新、共享和保护，并为用户提供一整套方便、有效的文件使用和操作方法。开发文件系统基于两个原因：①用户直接操作和管理辅助存储器上的信息，烦琐复杂、易出错、可靠性差；②多道程序、分时系统的出现，要求以方便、可靠的方式共享大容量辅助存储器。
　　文件系统主要有以下功能：①实现文件的按名存取（基本功能）；②文件目录的建立和维护（用于实现上述基本功能）；③实现逻辑文件到物理文件的转换（核心内容）；④文件存储空间的分配和管理；⑤数据保密、保护和共享；⑥提供一组用户使用的操作。
　　常见的文件系统有以下几种类型：
　　● ext2：早期 Linux 中常用的文件系统。
　　● ext3：ext2 的升级版，增加了日志功能。

- RAMFS：内存文件系统。
- NFS：网络文件系统，由 SUN 发明，主要用于远程文件共享。
- MS-DOS：MS-DOS 文件系统。
- VFAT：Windows 95/98 操作系统采用的文件系统。
- FAT：Windows XP 操作系统采用的文件系统。
- NTFS：Windows XP/7 操作系统采用的文件系统。
- HPFS：OS/2 操作系统采用的文件系统。
- PROC：虚拟的进程文件系统。
- ISO9660：大部分光盘所采用的文件系统。

2. 根文件系统

根文件系统是一种特殊的文件系统。它是内核启动时挂载的第一个文件系统，其中包含了 Linux 启动时所必需的目录和关键性的文件，另外还包括了许多应用程序的 bin 目录等。任何包含这些 Linux 系统启动所必需文件的文件系统都可以称为根文件系统。

（1）Linux 根文件系统目录

Linux 遵守文件系统科学分类标准（FHS），该标准定义了许多文件和目录的名字、位置。一个 Linux 的根文件系统目录结构如下：

- /：Linux 文件系统的入口，也是最高一级的目录。
- /bin：系统需要的命令位于此目录，比如 ls、cp、mkdir 等命令；该目录中的文件都是可执行的、普通用户可以使用的命令。基础系统需要的命令都放在这个目录下。
- /boot：Linux 的内核及引导系统程序需要的文件目录，如内核的映像文件、启动加载器（GRUB）。
- /dev：设备文件存储目录，比如声卡、磁盘等。
- /etc：系统配置文件和一些服务器的配置文件存放于该目录下。例如：/etc/inittab 是 init 进程的配置文件，etc/fstab 是指定启动时需要系统自动安装的文件系统列表。
- /home：普通用户主目录默认的存放目录。
- /lib：库文件存放目录。
- /mnt：一般用于存放挂载存储设备的挂载目录，如 cdrom 等目录。
- /proc：操作系统运行时，进程信息及内核信息（如 CPU、硬盘分区、内存信息等）存放在该目录下。
- /root：Linux 超级权限用户 root 的目录。
- /sbin：大多是涉及系统管理命令的存放目录，也是超级权限用户 root 的可执行命令存放目录，普通用户无权限执行该目录下的命令，如 ifconfig。
- /tmp：临时文件目录。
- /usr：系统存放程序的目录，比如命令、帮助文件等。
- /var：该目录用于存放正常操作中被改变的文件，包括假脱机文件、记录文件、加锁文件、临时文件和页格式化文件。

（2）文件目录

文件系统建立和维护的关于系统的所有文件的清单，每个目录项对应一个文件的信息描述，该目录项又称为文件控制块（FCB）。

● 一级目录结构

在操作系统中构造一张线性表，与每个文件有关的属性占用一个目录项，从而构成一级目录结构，如图 15-1 所示。

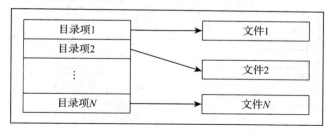

图 15-1　一级目录结构图

● 二级目录结构

文件目录由两级构成，第一级为主文件目录，用于管理所有用户文件目录；第二级为用户的文件目录，用于管理每个用户下的文件，如图 15-2 所示。

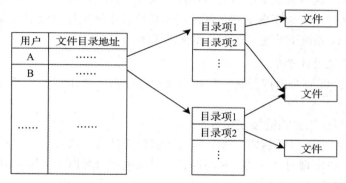

图 15-2　二级目录结构图

（3）Linux 的 EXT2 文件系统

在 Linux 中，普通文件和目录文件保存在称为"块物理设备"的磁盘或者磁带等存储介质上。一套 Linux 系统支持若干个物理盘，每个物理盘可以定义一个或者多个文件系统，每个文件系统均由逻辑块的序列组成。一般来说，一个逻辑盘可以划分为多个用途各不相同的部分：引导块、超级块、inode 区和数据区。

Linux 使用虚拟文件系统技术，支持多达几十种不同的文件系统。EXT2 是 Linux 的文件系统，它有几个重要的数据结构：超级块、inode（索引节点）、块组描述符、块位图及 inode 位图等。超级块用于描述目录和文件在磁盘上的物理位置、文件大小和结构等信息；inode 用于描述目录和文件的文件模式（类型和存取权限）、数据块位置等信息，文件系统中的每个目录和文件均由一个 inode 描述；每个块组描述符存储了一个块组的整体描述信息；块位图记录了本组内各个数据块的使用情况，其中每一位（bit）对应一个数据块，0 表示该数据块未被使用，1 表示已被使用；inode 位图的作用类似于块位图，它记录了 inode 表中各个 inode 的使用情况。

一个文件系统除了重要的数据结构之外，还必须为用户提供有效的接口操作。比如 EXT2 提供的 OPEN/CLOSE 接口操作。

EXT2 文件系统将它所占用的逻辑分区划分成块组，如图 15-3 所示。

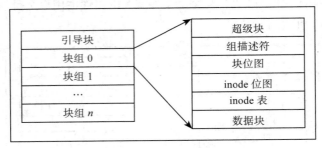

图 15-3   EXT2 文件系统结构图

15.4   实验说明

本实验模拟实现一个简单的文件系统，使其具备基本的用户登录及文件处理功能，包括用户的新建、删除，文件的建立、打开、删除、关闭、复制、读、写、查询等基本功能。读者应通过此模拟文件系统来了解文件系统的基本功能及小型文件系统的实现框架。有兴趣的读者可尝试在 Linux 系统下实现自己的小型文件系统。

1. 模拟文件系统设计思想

1）在内存中开辟一个虚拟磁盘空间作为文件存储器，并在它之上实现一个多用户多目录的文件系统。

2）物理结构可采用显式链接或其他方法。

3）采用多用户多级目录结构。每个目录项包含文件名、文件所属目录、文件长度等信息，通过目录项可以实现对文件的读和写保护。目录组织也可以不使用索引节点的方式。

4）模拟系统提供以下文件操作：

- 文件的创建：create
- 文件的删除：delete
- 文件的打开：open
- 文件的关闭：close
- 文件的读：read
- 文件的写：write
- 显示运行文件目录：dir
- 新增用户：creuser
- 删除用户：deluser
- 修改用户权限：chagperm
- 退出：exit

2. 模拟文件系统设计思路

1）本系统初始化 10 个用户，包括 1 个系统管理员与 9 个普通用户，初始登录密码为 123456。每个用户初始化 5 个文件，最多可拥有 10 个文件，所以每个用户可再创建 5 个文件，或删除旧文件后再创建新文件。

2）系统分别使用 create、open、read、write、close、delete、dir、chagpass 来创建文件、打开文件、读文件、写文件、关闭文件、删除文件、显示运行文件目录（AFD）和修改登录密码。此外，系统管理员可使用 creuser、deluser、chagperm 来新增用户、删除用户、修改用户权限。

3）程序采用二级文件目录，即设置主目录（MFD）和用户文件目录（UFD）。另外，为已打开文件设置运行文件目录（AFD）。

4）为了便于实现，对文件的读写进行简化操作，在执行读写命令时只模拟文件已读或已写，并不进行实际的读写操作。

3. 模拟系统实现流程

程序模拟实现文件系统的主要流程如图 15-4 所示。

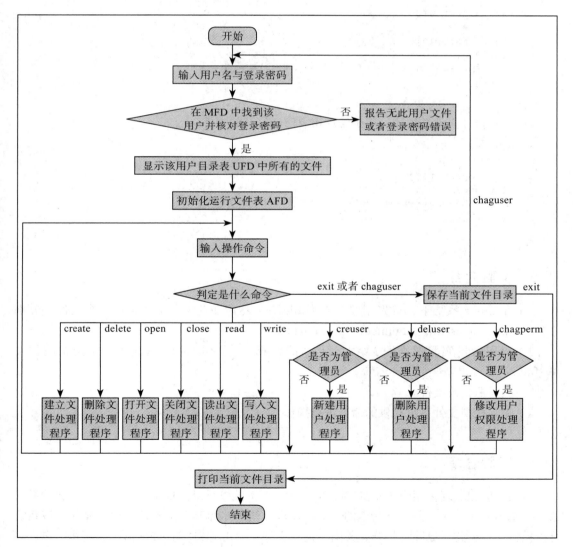

图 15-4　模拟实现文件系统流程图

4. 模拟系统涉及的数据结构

1) 主目录结构体: 用于管理所有用户和用户目录。

```
/* 主目录 */
struct mdf
{
    char uname[10];                 /* 用户名 */
    char password[20];              /* 用户登录密码 */
    int permission;                 /* 用户身份 (管理员 1, 非管理员 0) */
    int exist_flag;                 /* 存在位, 1 代表该用户存在, 0 代表用户已被删除 */
    UF  Udir;                       /* 用户文件目录 */
} UFD[UserNumber];                  /* 主目录 */
```

2) 用户文件目录结构体: 用于管理用户的文件及文件权限。

```
typedef struct ufd
{
    char fname[10];                 /* 用户文件名 */
    int flag;                       /* 文件存在标志 */
    int fprotect[3];                /* 文件保护码 r\w\t */
    int flength;                    /* 文件长度 */
};
```

3) 用户打开文件结构体: 用于管理用户已经打开的文件。

```
struct afd
{
    char opname[10];                /* 打开文件名 */
    int flag;
    char opfprotect[3];             /* 打开保护码 */
    int rwpoint;                    /* 读写指针 */
} ;
```

15.5 实验内容

1) 在 Linux 系统下, 首先创建文件夹 filesys, 然后在此文件夹中创建 3 个文件, 分别命名为 common_user.h、administrator.h 和 main.c。

2) 分别拷贝实验提供的 3 组源代码 (代码 15-1, 代码 15-2, 代码 15-3) 至相应的文件中。

3) 编译源代码文件。

4) 输入模拟文件系统提供的命令进行操作。

15.6 实验总结

本实验模拟实现多用户 (最多支持 30 个用户) 下的多目录文件系统。它提供了文件系统的一些基本操作命令, 并根据命令的含义与要求, 使用 C 编程完成具体的模拟操作。该系统可以模拟实现创建、删除、打开、关闭、读写文件、列出 MFD 与 AFD 信息、新建用户、删除用户、修改用户权限、切换用户和退出系统等功能。

15.7　参考代码

代码　15-1

```c
//common_user.h
#ifndef COMMON_USER_H
#define COMMON_USER_H

#include <stdio.h>
#include <stdlib.h>
#include <string.h>
#define UserNumber 30          // 系统最大用户数
#define UserFNumber 10         // 用户最大文件数
#define MaxAFDNumber 5         // 最多可同时打开的文件数

// 初始化所使用文件名
struct fname
{
    char fnamea[1];            /* 文件名 */
    int flag;                  /* 标识相应字母是否已被使用 */
} fnameA[26] = { 'a',0,'b',0,'c',0,'d',0,'e',0,'f',0,'g',0,'h',0,'i',0,'j',0,
    'k',0,'l',0,'m',0,'n',0,'o',0,'p',0,'q',0,'r',0,'s',0,'t',0,'u',0,'v',0,
    'w',0,'x',0,'y',0,'z',0 };

/* 用户已打开的文件 */
struct afd
{
    char opname[10];           /* 打开文件的文件名 */
    int flag;                  // 标识此文件
    char opfprotect[3];        /* 打开保护码 */
    int rwpoint;               /* 读写指针 */
} AFD[MaxAFDNumber];           /* 运行文件表 */

/* 用户文件 */
typedef struct
{
    char fname[10];            /* 用户文件名 */
    int flag;                  /* 文件存在标识 */
    int  fprotect[3];          /* 文件保护码 r\w\t*/
    int  flength;              /* 文件长度 */
} ufd, UF[UserFNumber];

/* 主目录 */
struct mdf
{
    char uname[10];            /* 用户名 */
    char password[20];         /* 用户登录密码 */
    int permission;            /* 用户身份（管理员 1，非管理员 0）*/
    int exist_flag;            /* 存在位，1 代表该用户存在，0 代表用户已被删除 */
    UF   Udir;                 /* 用户文件目录 */
} UFD[UserNumber];             /* 主目录 */

void Open(int i)               /* 打开文件 */
{
    int l, k, n;
```

```
    char name[10];
    for (l = 0; l < 5; l++)
    {
        if (!AFD[l].flag)
            break;                      // 使 l 滚动到未被使用的 AFD 项
    }
    printf(" 请输入需打开的文件名 :");
    scanf("%s", name);
    for (n = 0; n < 5; n++)         // 检查文件是否已在 AFD 表中
    {
        if (!strcmp(AFD[n].opname, name) && AFD[n].flag)
        {                           // 文件已在 AFD 表中，已经被打开过
            printf(" 此文件之前已被打开，无须再次打开 !\n");
            return;
        }
    }
    for (k = 0; k < 10; k++)        // 检查用户文件中是否存在该文件
    {
        if (!strcmp(UFD[i].Udir[k].fname, name) && UFD[i].Udir[k].flag)
        {           // 文件存在
            if (UFD[i].Udir[k].fprotect[2] == 1)
            {       // 文件有可执行权限，可以打开
                strcpy(AFD[l].opname, UFD[i].Udir[k].fname);
                AFD[l].opfprotect[0] = UFD[i].Udir[k].fprotect[0];
                AFD[l].opfprotect[1] = UFD[i].Udir[k].fprotect[1];
                AFD[l].opfprotect[2] = UFD[i].Udir[k].fprotect[2];
                AFD[l].flag = 1;
                printf(" 文件已成功打开 !\n");
            }
            else                        // 文件无可执行权限，不能被打开
                printf(" 该文件无可执行权限，不能被打开 !\n");
            return;
        }
    }
    printf(" 文件不存在 !\n");
}

void Create(int i)              // 创建文件
{
    int k;
    for (k = 0; k < 10; k++)
    {
        if (!UFD[i].Udir[k].flag)
            break;                  // 使 k 滚动到空闲的文件项
    }
    if (k >= 10)
    {                               // 用户文件数量已达上限
        printf(" 一个用户不能拥有超过 10 个文件 \n\n");
        return;
    }
    printf(" 请输入需创建的文件名 :");
    scanf("%s", UFD[i].Udir[k].fname);
    printf(" 请输入文件长度 ( 输入整数，单位为字节 ):");
    scanf("%d", &UFD[i].Udir[k].flength);
    printf(" 可读 ?( 可读 1, 不可读 0):");
    scanf("%d", &UFD[i].Udir[k].fprotect[0]);
```

```
        printf("可写？(可写 1,不可写 0):");
        scanf("%d", &UFD[i].Udir[k].fprotect[1]);
        printf("可执行？(可执行 1,不可执行 0):");
        scanf("%d", &UFD[i].Udir[k].fprotect[2]);
        UFD[i].Udir[k].flag = 1; // 设置存在位
}

void Delete(int i)              // 删除文件
{
    char name[10]; int k;
    printf("请输入需删除的文件名:");
    scanf("%s", name);
    for (k = 0; k < 10; k++)// 查询用户是否有该文件
    {
        if (UFD[i].Udir[k].flag && !strcmp(UFD[i].Udir[k].fname, name))
            {                       // 该文件存在
                printf("文件已删除！\n");
                UFD[i].Udir[k].flag = 0; // 设置存在位
                return;
            }
    }
    printf("文件不存在！\n");
}

void Read()                     // 读取文件
{
    int l; char name[10];
    printf("请输入需读取的文件:");
    scanf("%s", name);
    for (l = 0; l < 5; l++)
        {                       // 检查文件是否已打开
        if (!strcmp(AFD[l].opname, name) && AFD[l].flag)
            {                       // 文件已打开
                if (AFD[l].opfprotect[0])      // 可读
                    printf("文件已成功被读取！\n");
                else                // 不可读
                    printf("文件无可读权限,不能被读取！\n");
                return;
            }
        }
    if (l >= 5) // 文件尚未打开
        printf("文件尚未打开,请先打开文件\n");
}

void Write()                    // 写文件
{
    int l; char name[10];
    printf("请输入需写入的文件:");
    scanf("%s", name);
    for (l = 0; l < 5; l++)
        {                       // 检查文件是否已被打开
        if (!strcmp(AFD[l].opname, name) && AFD[l].flag)
            {                       // 文件已打开
                if (AFD[l].opfprotect[1])     // 可写
                    printf("文件已成功被写入！\n");
                else                        // 不可写
```

```
                    printf(" 文件无可写权限 , 不能被写入！ !\n");
                return;
            }
        }
        if (l >= 5)                        // 文件尚未被打开
            printf(" 文件尚未打开，请先打开文件 \n");
}

void PrintUFD(int i)              // 打印用户文件目录 UFD
{
    int k;
    printf("%s 的主文件目录 :\n", UFD[i].uname);
    printf(" 用户名 \t 文件名 \t 可读 可写 可执行 \t 文件长度 \n");
    for (k = 0; k < 10; k++)
    {
        if (UFD[i].Udir[k].flag)
            printf("%s\t%s\t%d    %d    %d\t\t%dB\n",
                UFD[i].uname, UFD[i].Udir[k].fname,
                UFD[i].Udir[k].fprotect[0],
                UFD[i].Udir[k].fprotect[1], UFD[i].Udir[k].fprotect[2],
                UFD[i].Udir[k].flength);
    }
}

void PrintAFD(int i)              // 打印当前用户的运行文件表 AFD
{
    int l, k;
    if (!AFD[0].flag && !AFD[1].flag && !AFD[2].flag && !AFD[3].flag
    && !AFD[4].flag)
    {                                //AFD 为空
        printf(" 当前没有在运行的文件！ \n");
        return;
    }
    else                              //AFD 不为空
    {
        printf(" 运行文件目录 :\n");
        printf(" 文件名 \t 可读 可写 可执行 \n");
        for (l = 0; l < 5; l++)
        {
            for (k = 0; k < 10; k++)
            {
                if (!strcmp(UFD[i].Udir[k].fname, AFD[l].opname) &&
                UFD[i].Udir[k].flag && AFD[l].flag)
                {                          // 打印当前用户的 AFD
                    printf("%s\t%d    %d    %d\n",
                        AFD[l].opname, AFD[l].opfprotect[0],
                        AFD[l].opfprotect[1], AFD[l].opfprotect[2]);
                    break;
                }
                else
                    continue;
            }
        }
    }
}
```

```
    void Close()                    // 关闭打开的文件
    {
        int l; char name[10];
        printf(" 请输入需关闭的文件 :");
        scanf("%s", name);
        for (l = 0; l < 5; l++)
        {                                   // 检查 AFD 表
            if (!strcmp(AFD[l].opname, name) && AFD[l].flag)
            {
                AFD[l].flag = 0; // 设置存在位
                printf(" 此文件已被关闭! \n");
                return;
            }
        }
        if (l >= 5)
            printf(" 文件尚未打开 !\n");
    }

    void ChangePassword(int i)   // 修改登录密码
    {
        char passwd[20];
        printf(" 请输入旧密码 : ");
        scanf("%s", passwd);
        if (!strcmp(UFD[i].password, passwd))
        {                                   // 旧密码正确
            printf(" 请输入新密码 : ");
            scanf("%s", passwd);
            strcpy(UFD[i].password, passwd);   // 更新密码
            return;
        }
        else
            printf(" 输入密码错误! \n");
}
#endif
```

代码　15-2

```
//administrator.h
#ifndef ADMINISTRATOR_H
#define ADMINISTRATOR_H

#include "common_user.h"

void DeleteUser(int i)              // 删除用户
{
    char name[20];                  // 名字
    int j = 0, flag = 0;
    int tempk = -1;
    printf(" 请输入需要删除的用户名: ");
    scanf("%s", name);
    for (j = 0; j < UserNumber; j++)
    {                               // 检查用户名是否存在
        if (!strcmp(UFD[j].uname, name) && UFD[j].exist_flag == 1)
        {                           // 用户名存在
            flag = 1;
            tempk = j;
```

```
                break;
            }
        }

    if (flag == 1 && tempk == i)
        printf(" 删除错误! 不允许删除自身! \n");
    else if (flag == 1 && tempk != i)
    {
        UFD[tempk].exist_flag = 0;        // 置相应用户的存在位为 0
        printf(" 删除用户成功 !\n");
    }
    else
        printf(" 指定用户不存在! \n");
}

void CreateUser()                         // 创建用户
{
    char name[10];                        // 名字
    int perm;                             // 权限
    char passwd[20];                      // 密码
    int i;
    printf(" 请输入需要创建的用户名 :");
    scanf("%s", name);
    for (i = 0; i < UserNumber; i++)
    {                                     // 检查用户名是否已存在
        if (!strcmp(UFD[i].uname, name) && UFD[i].exist_flag)
        {
            printf(" 用户名已存在, 创建用户失败! \n");
            return;
        }
    }
    printf(" 请输入用户登录密码 :");
    scanf("%s", passwd);
    printf(" 请指定用户身份 ( 管理员输入 1, 普通用户输入 0):");
    scanf("%d", &perm);
    for (i = 0; i < UserNumber; i++)
    {
        if (UFD[i].exist_flag == 0)
        {                                 // 检索到空闲项
            UFD[i].exist_flag = 1;        // 设定存在位
            strcpy(UFD[i].uname, name);// 设定用户名
            strcpy(UFD[i].password, passwd);// 设定密码
            UFD[i].permission = perm;     // 设定权限
            printf(" 创建用户成功 !\n");
            break;
        }
    }
    if (i == UserNumber)
        printf(" 系统已达到最大用户数量 , 不能新建用户 !\n");
}

void ChangePerm() // 修改用户权限
{
    char name[10];        // 名字
    int i;
    printf(" 请输入待修改权限的用户名 :");
```

```
        scanf("%s", name);
        for (i = 0; i < UserNumber; i++)
        {
            if (!strcmp(UFD[i].uname, name) && UFD[i].exist_flag)
            {                                    // 找到相应用户, i 记录其在 MFD 中的位置
                break;
            }
        }
        if (i == UserNumber)
            printf(" 该用户不存在 \n");
        else
        {
            printf(" 请输入用户身份 ( 管理员输入 1, 普通用户输入 0):");
            scanf("%d", &UFD[i].permission);
            printf(" 修改用户身份成功 !\n");
        }
    }
}


void PrintUserInf()                         // 打印所有用户信息
{
    int i = 0;
    printf("\n 用户名 \t 用户身份 \n");
    for (i = 0; i < UserNumber; i++)
    {
        if (UFD[i].exist_flag == 1)
        {
            if (UFD[i].permission == 1)
                printf("%s\t 系统管理员 \n", UFD[i].uname);
            else
                printf("%s\t 普通用户 \n", UFD[i].uname);
        }
    }
    printf("\n");
}


#endif
```

代码 15-3

```
//main.c
#include "common_user.h"
#include "administrator.h"

void IntFSystem()                          // 初始化 10 个用户
{
    int i, j, k, l;
    strcpy(UFD[0].uname, "admin");
    strcpy(UFD[1].uname, "user1");
    strcpy(UFD[2].uname, "user2");
    strcpy(UFD[3].uname, "user3");
    strcpy(UFD[4].uname, "user4");
    strcpy(UFD[5].uname, "user5");
    strcpy(UFD[6].uname, "user6");
    strcpy(UFD[7].uname, "user7");
    strcpy(UFD[8].uname, "user8");
    strcpy(UFD[9].uname, "user9");
```

```
        // 系统初始化 10 个用户
        for (i=0; i<10; i++)
        {
            strcpy(UFD[i].password, "123456");        // 初始化用户密码
            UFD[i].exist_flag = 1;                    // 设置每个用户的存在位
            if (i == 0) { UFD[i].permission = 1; }   // 初始化设置 admin 为管理员
            else { UFD[i].permission = 0; }           // 初始化设置其他用户为普通用户

            for (k=0; k<5; k++)        // 每个用户初始化 5 个文件
            {
                do {
                    j = rand() % 26;
                } while (fnameA[j].flag);             // 寻找未被使用的字母
                strcpy(UFD[i].Udir[k].fname, fnameA[j].fnamea);
                fnameA[j].flag = 1;                   // 文件名已使用
                UFD[i].Udir[k].flength = rand()%2048 + 1;  // 文件长度
                UFD[i].Udir[k].flag = 1;              // 设置文件存在位
                UFD[i].Udir[k].fprotect[0] = rand()%2;   // 可读？
                UFD[i].Udir[k].fprotect[1] = rand()%2;   // 可写？
                UFD[i].Udir[k].fprotect[2] = rand()%2;   // 可执行？
            }
            for (j=0; j<26; j++)
                fnameA[j].flag = 0;    // 重置字母表
        }
        for (l=0; l<5; l++)    // 初始化运行文件表 AFD
        {
            strcpy(AFD[l].opname, "");
            AFD[l].flag = 0;
            AFD[l].opfprotect[0] = 0;
            AFD[l].opfprotect[1] = 0;
            AFD[l].opfprotect[2] = 0;
            AFD[l].rwpoint = 0;
        }
    }

    int main()
    {
        int i, n=0;
        char command[15];            // 输入指令
        char login[10];              // 登录用户名
        char passwd[10];             // 登录密码
        int flag = 0;
        IntFSystem();
        printf(" 欢迎使用此文件模拟系统 \n");
        printf(" （ 系统已初始化 10 个用户，每个用户已初始化创建 5 个文件，初始登录密码为 123456 ）
            \n");
        printf(" 初始 10 个用户分别为: \n");
        PrintUserInf();              // 打印初始用户信息
        printf("\n** 本系统普通用户的命令包括如下 :\n");
        printf("** 创建文件 (create)\n");
        printf("** 删除文件 (delete)\n");
        printf("** 打开文件 (open)\n");
        printf("** 关闭文件 (close)\n");
        printf("** 读取文件 (read)\n");
        printf("** 编写文件 (write)\n");
```

```
printf("** 显示文件目录 (printufd)\n");
printf("** 显示运行文件目录 (dir)\n");
printf("** 修改登录密码 (chagpass)\n");
printf("** 切换用户 (chaguser)\n");
printf("** 退出系统 (exit)\n\n");

printf("** 本系统管理员额外包含的命令如下：\n");
printf("** 新建用户 (creuser)\n");
printf("** 删除用户 (deluser)\n");
printf("** 打印用户信息 (printuser)\n");
printf("** 修改用户身份 (chagperm)\n\n");

do
{
    printf(" 请输入登录用户名 :");
    scanf("%s", login);
    printf(" 请输入登录密码 :");
    scanf("%s", passwd);
    if (!strcmp(login, "exit")) { return 0; }
    for (i = 0; i < UserNumber; i++)
    {
        if (UFD[i].exist_flag==1 && !strcmp(UFD[i].uname, login)
        && !strcmp(UFD[i].password, passwd))
        {    // 登录成功，i 记录用户在 MFD 中的位置
            flag = 1;
            break;
        }

    }
    if (i >= UserNumber)      // 用户不存在或输入密码错误
    {
        printf(" 该用户不存在或登录密码错误 !\n");
    }
    else                      // 用户登录成功
    {
        printf("\n");
        if (UFD[i].permission == 1)
            printf(" 欢迎您，尊敬的 %s, 您目前的权限为系统管理员 \n", UFD[i].
                uname);
        else
            printf(" 欢迎您，尊敬的 %s, 您目前的权限为普通用户 \n", UFD[i].uname);
        PrintUFD(i);          // 打印用户文件信息
        for (; n != 1;)
        {
            printf(" 请输入命令的英文缩写 :");
            scanf("%s", command);
            // 普通用户命令
            if (strcmp(command, "create") == 0) Create(i);
            else if (strcmp(command, "delete") == 0) Delete(i);
            else if (strcmp(command, "open") == 0) Open(i);
            else if (strcmp(command, "close") == 0) Close();
            else if (strcmp(command, "read") == 0) Read();
            else if (strcmp(command, "write") == 0) Write();
            else if (strcmp(command, "printufd") == 0) PrintUFD(i);
            else if (strcmp(command, "dir") == 0) PrintAFD(i);
            else if (strcmp(command, "chagpass") == 0) ChangePassword(i);
```

```
                              else if (strcmp(command, "chaguser") == 0)
                                  { flag = 0; break; printf("\n"); }
                              else if (strcmp(command, "exit") == 0) break;
                              // 管理员额外命令
                              else if (UFD[i].permission==1&&strcmp(command, "creuser")== 0)
                                  CreateUser();
                              else if (UFD[i].permission==1&&strcmp(command, "deluser") == 0)
                                  DeleteUser(i);
                              else if (UFD[i].permission == 1 && strcmp(command, "printuser")
                                  == 0)         PrintUserInf();
                              else if (UFD[i].permission == 1 && strcmp(command, "chagperm")
                                  == 0)         ChangePerm();
                              else printf(" 出错 \n");
                          }
                      printf(" 修改保存中 ...\n");
                      PrintUFD(i); // 打印用户文件目录
                      printf("\n");
                  }
              } while (flag == 0);

              return 0;
          }
```

15.8 实验报告

文件系统实验报告

【第一部分】实验内容掌握程度测试

1. 基础知识

- Linux 常用文件系统是_____，Windows 的常用文件系统是_____。
- 查阅资料，了解高版本 Linux 或 UNIX 内核的文件组织。假设有 12 个直接块指针，在每个索引节点中有一个一级、二级、三级间接指针。此外，假设系统块大小和磁盘扇区大小都是 8K，如果磁盘块指针是 32 位，其中 8 位用于表示物理磁盘，24 位用于标识物理块，回答以下问题：

1）该系统支持的最大文件大小是多少？

_____

_____

_____

_____

2）该系统支持的最大文件系统分区是多少？

_____

_____

_____

_____

3）假设主存中除了索引节点以外没有其他信息，访问位置 12 423 956 中的字节需要多少次磁盘访问？

_____
_____
_____

_____

2. 实验内容

- 模拟文件系统提供了哪些操作？

_____
_____
_____

_____

- 模拟文件系统对文件权限是如何处理的？在该文件系统中，文件的权限可能有哪几种？

_____
_____
_____

_____

- 列出实验代码中初始创建的 10 个用户的用户名，并判断其身份。

_____
_____
_____

_____

- 详述在删除 user1 的第三个文件时，模拟文件系统的运行过程。

_____
_____
_____

_____

- 详述在系统管理员创建用户时，模拟文件系统的运行过程。

_____
_____
_____

_____

3. 实验总结（实验完成情况、遇到的问题以及解决办法）

_____
_____
_____

【第二部分】知识掌握程度自我评价

知 识 点	掌 握	了 解	未 掌 握
了解 Linux 文件组织和管理的知识	☐	☐	☐
掌握 Linux 文件系统、根文件目录及组织方式	☐	☐	☐
熟悉和理解文件系统的概念和文件系统的类型	☐	☐	☐
了解文件系统的功能及实现	☐	☐	☐
熟悉 vim 编辑器、GCC 编译器和 GDB 调试器及 Makefile	☐	☐	☐

第三部分

Nachos 源码分析

在本书的第一部分，我们介绍了操作系统课程设计的前导知识，包括如何配置实验环境、C 语言编程，以及在不同操作系统下的调试技术等；在第二部分，我们讲解了 8 个常规实验，这 8 个常规实验是操作系统课程设计的主要内容，主要采用编程模拟的方式来实现操作系统中的一些典型功能模块。

在本部分，我们将在一个小型操作系统（Nachos）中分析操作系统常用的各个模块。读者可以通过第三部分的实践更加深入地了解一个操作系统是如何把各个功能模块组织起来的，如何通过更改这个操作系统的源码来得到不同的结果。

第三部分包括 5 章：

- **第 16 章** Nachos 系统简介：这一章给出 Nachos 的相关介绍，包括为什么选用 Nachos 作为教学操作系统、Nachos 的运行原理、如何编译 Nachos 源码以及 Nachos 的源码结构。该章的主要作用是为之后各章的学习做好准备。
- **第 17 章** Nachos 系统调用：介绍 API 与系统调用的实现，将以一个简单的系统调用为例，通过分析源码的方式讲解 Nachos 系统是如何实现系统调用的。
- **第 18 章** Nachos 的同步与互斥：主要讲解信号量、锁、竞争条件在 Nachos 下是如何实现的，并以同步磁盘作为案例来分析其信号量和锁的使用方法。
- **第 19 章** Nachos 的线程调度：介绍线程调度。Nachos 的线程管理是独立于宿主机的（Linux 或者 Windows），该章将分析 Nachos 系统是如何实现线程调度和管理的。
- **第 20 章** Nachos 的文件系统：主要讲解文件系统的实现方式，读者可以在理解前面内容的基础上，对其做进一步的扩展，使其功能更加完善。

第 16 章
Nachos 系统简介

本章将对 Nachos 进行初步介绍，包括 Nachos 系统的特点、源码结构、运行原理以及编译的过程。

16.1　Nachos 概述

国内外许多大学以及教育机构都致力于推动操作系统课程的教学，提出了各种简化版本的操作系统，这些系统既简单易学，又尽可能多地包含了一个完整操作系统应该有的功能和模块。例如，上海交通大学开发的 MOS 操作系统已成功地使用在操作系统的教学中，国内外知名的教学操作系统还有多伦多大学的 Tunis 和荷兰阿姆斯特丹自由大学的 MINIX。

本章将要分析的操作系统是美国加州大学伯克利分校开发的 Nachos，它已经在加州大学伯克利分校计算机学院的课程中使用多年。Nachos 的全称是"Not Another Completely Heuristic Operating System"，它是一个可修改和可跟踪的迷你操作系统，代码量很少且容易理解，便于同学们更加容易地理解操作系统的原理，这也是本书选择 Nachos 的主要原因。和其他操作系统相比，Nachos 有很多特性，基于教学目标，主要介绍两点。

1）使用虚拟机：Nachos 操作系统运行在一个软件模拟的虚拟机上，Nachos 安装目录下的 machine 中包含虚拟机程序的全部源码。通过软件模拟计算机硬件环境，可以极大地方便系统调试过程。该虚拟机使用的是 MIPS R2/3000 指令集。

2）面向对象：Nachos 是用 C++ 语言的一个子集编写的，利用 C++ 面向对象的特性，Nachos 更加清晰地呈现出操作系统的各个接口及其整体结构，对于学习操作系统的读者来说更加便利。

16.2　Nachos 是如何运行的

在 NachOS/code 目录下，有一个名为 machine 的文件夹，该文件夹中包含 Nachos 虚拟机的全部源码。与其他虚拟机类似，Nachos 虚拟机使用软件的方式模拟了一个硬件设备，包括内存、寄存器等终端系统以及磁盘、网络等外部设备。

Windows 常用的虚拟机软件（如 VMware）以及 VirtualBox 软件本身的运行和模拟的系统的运行是相对独立的。不同的是，Nachos 系统运行与虚拟机不是完全分离的，虚拟机以对象的形式和 Nachos 系统存在于同一地址空间，提供 API 来模拟硬件供 Nachos 系统使用。

16.3　系统源码

为了方便读者在第一部分中提到的环境下能够更快地上手编译 Nachos 系统，本书对作者提供的源码的部分 bug（针对特定环境）进行了修改。学生只需下载提供的 Nachos 源码即可。

　　将 Nachos 源文件包（zip 压缩文件）解压后可以得到以下文件：

- COPYRIGHT：Nachos 源码作者对 Nachos 版权的声明。
- c++example：Nachos 源码作者提供的一些 C++ 编程相关的例子。
- coff2noff：一个转换工具，将 decstation-ultrix-gcc 编译后的 coff 类型的可执行文件转换为 Nachos 下的 noff 格式可执行文件。该部分内容与本书的主题关系不大，故在此不予讲解。
- code：Nachos 系统及其虚拟机的源代码。
- code/build.cygwin、build.linux、build.macosx：这三个文件是 Nachos 在不同系统下的编译目录。本书使用的开发环境是 Ubuntu，因此主要使用的是 build.linux 目录下的文件。
- code/filesys：文件系统模块的源文件。
- code/lib：常用的基本工具库，如哈希表、列表等。
- code/machine：支持 Nachos 系统运行的虚拟机源码。
- code/network：网络模块源码。
- code/shell：该文件是一个简单的 shell 实现，通过调用宿主机（Ubuntu）API 来实现。
- code/test：用来测试系统调用的测试程序，其中 bin 目录、decstation-ultrix 目录和 lib 目录是方便学生编译测试程序的工具。
- code/threads：线程模块源码，包括线程管理及同步等。
- code/userprog：提供内存管理、系统调用等功能，使用户程序能够在 Nachos 系统下运行。

16.4　系统开发环境

　　Nachos 编译后的程序在 Linux 下运行，与 Linux 的普通进程相同，因此 Nachos 的编译、调试、运行过程和 Linux 程序基本一致。下面简单介绍 Linux 下的 Nachos 开发环境。

　　● 程序编译

　　Linux 下的 Nachos 代码借助 Make 工具实现编译链接。Make 工具是一个工程管理工具，它根据 Makefile 的指示来完成所有工作。Nachos 的每个组件的代码中都包含一个 Makefile 文件，因此在修改 Nachos 代码后直接使用 Make 命令即可编译链接程序。

　　● 程序调试

　　Nachos 程序的调试也与一般程序相同，在 Linux 下一般使用 GDB 作为调试工具，具体调试方法可参考第 7 章、GDB 的手册或联机文档。

16.5　系统的编译与测试

　　系统的编译与测试的步骤如下所示。

　　第一步：安装编译工具。

打开终端输入以下命令：

```
sudo apt-get install build-essential
```

在安装过程中会提示编译工具占用多少空间，直接输入 Y，按回车键即可。

第二步：解压 Nachos。

切换到 Nachos 的目录下，使用以下命令解压：

```
unzip Nachos.zip
```

第三步：编译 Nachos。

1）切换到 code 目录下的 build.linux 目录，输入以下命令：

```
make depend
```

该命令会根据 Makefile 文件中的相应内容在 Makefile.dep 中生成编译 Nachos 系统所需的依赖关系。

2）执行命令来编译 Nachos 系统：

```
make
```

执行 make 命令之后，会得到以 ".o" 结尾的目标文件以及名为 nachos 的可执行文件。

第四步：运行 Nachos 系统。

执行以下命令：

```
./nachos
```

如果得到如图 16-1 所示的结果，则表示 Nachos 系统编译并执行成功。

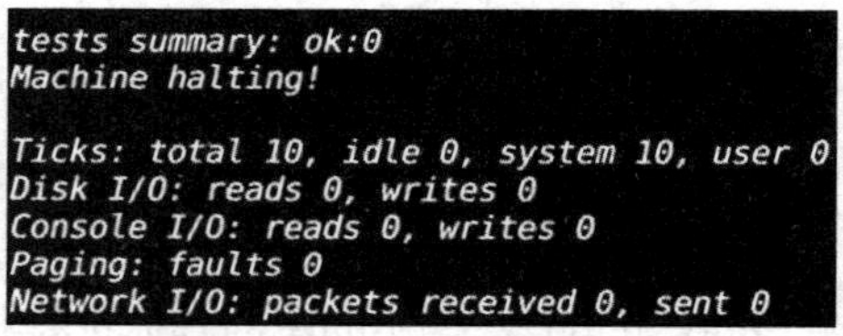

```
tests summary: ok:0
Machine halting!

Ticks: total 10, idle 0, system 10, user 0
Disk I/O: reads 0, writes 0
Console I/O: reads 0, writes 0
Paging: faults 0
Network I/O: packets received 0, sent 0
```

图 16-1　Nachos 系统编译成功界面

使用者也可以通过参数来选择运行的模块或者选择输出调试结果，如使用 ./nachos –K 命令，可以运行线程测试模块并输出测试结果。具体的参数可以参考 NachOS/code/threads/main.cc 文件中的相关注释。

第 17 章
Nachos 系统调用

本章将详细介绍 Nachos 系统中系统调用的实现过程，实际使用的操作系统在系统调用上的实现方式与之类似。本章将以 Nachos 原生的一个测试实例 Add 函数为例进行讲解，读者在透彻理解这个例子后，可以自己编写减法的函数来巩固对系统调用流程的理解。

17.1 以 Add 为例分析系统调用

1. Nachos 系统调用函数 Add

系统调用是指将内核提供的一系列函数呈现给用户，以帮助用户实现控制系统、管理资源等目的。本节中，我们将以 Nachos 自带的一个测试程序为例，讲解 Nachos 系统调用的实现。我们选取的函数为：

```
int Add(int a, int b);
```

这个函数的作用非常简单，就是返回两个整型数相加的结果。接下来，我们对该函数的系统调用过程进行详细说明，使读者进一步理解整个系统调用的流程。

Nachos 在测试程序中有一个自带的系统调用测试程序，位于 Nachos/code/test/add.c，如代码 17-1 所示。

代码　17-1

```
// Nachos/code/test/add.c
#include "syscall.h"
int main()
{
    int result;
    result = Add(42, 23);
    Halt();
    /* not reached */
}
```

所有的系统调用都必须包含头文件 syscall.h，它位于 Nachos/code/userprog/syscall.h，该头文件包含所有 Nachos 系统调用函数的声明以及系统调用码（System Call Code）。

在 main 函数体中，主要的执行语句是

```
result = Add(42, 23);
Halt();
```

第一个语句表示将整数 42 和整数 23 相加，得到的和赋值给 result；第二个语句表示执行一个停机的操作。

2. Add 系统调用的实现

首先，add.c 被编译时，编译器会从 syscall.h 中查找到 Add 的声明，相关部分如代码 17-2 所示。

代码　17-2

```
// Nachos/code/userprog/syscall.h
/*
    * Add the two operants and return the result
    */

int Add(int op1, int op2);
```

Add 的实现部分位于 NachOS/code/test/start.s 中，该部分代码是使用 Mips 指令的汇编语言写成的，如代码 17-3 所示。

代码　17-3

```
// NachOS/code/test/start.s

    .globl Add
    .ent   Add
Add:
    addiu $2,$0,SC_Add
    syscall
    j     $31
    .end Add
```

在该段代码的前三行中，".globl" 的作用是将 Add 声明为一个全局的符号，".ent" 将下一行的 "Add" 标识为系统调用的入口。这里要介绍一下 Nachos 如何执行汇编指令。

对于代码 17-3，Nachos 提供了一个解析器，位于 Nachos/code/machine/mipssim.cc，start.s 中的每条语句都是通过该文件中的 OneInstruction 函数来执行的，该函数如代码 17-4 所示。

代码　17-4

```
// Nachos/code/machine/mipssim.cc
void
Machine::OneInstruction(Instruction *instr)
{
    ...
    switch (instr->opCode) {
        ...
    }
}
```

每读到一条汇编指令，Nachos 虚拟机就会调用一次 OneInstruction 函数，通过 switch 语句来确定执行的代码块。

接下来，我们分析 Mips 汇编语言程序的第五行代码：

```
addiu $2,$0,SC_Add
```

在 Mips 汇编语言中，"＄数字" 格式指代寄存器，数字表示它是第几个寄存器。其中，第 0 个寄存器 $0 的值始终为 0。addiu 的前两个参数是寄存器，第三个参数是立即数，其作用是将第二个参数和第三个参数值以无符号数值相加，把结果写入第一个参数指代的寄存器中，其实现代码如代码 17-5 所示。

代码　17-5

```
// Nachos/code/machine/mipssim.cc
void
Machine::OneInstruction(Instruction *instr)
{
    ...
    switch (instr->opCode) {
    ...
        case OP_ADDIU:            // OP_ADDIU 是 addiu 对应的机器码
        registers[instr->rt] = registers[instr->rs] + instr->extra;
        return;
    ...
    }
}
```

在 addiu $2,$0,SC_Add 中，SC_Add 是 Add 函数的系统调用码，它被定义在 syscall.h 文件中，如代码 17-6 所示。

代码　17-6

```
// NachOS/code/test/start.s
#define SC_Add            42
```

因此，addiu $2,$0,SC_Add 的作用就是将 SC_Add 的值与 0 值相加后赋值到 $2（第 2 个寄存器）中，即直接将系统调用码 SC_Add 赋值给 $2 寄存器，此时 $2 的值即为 42。

接下来，Nachos 虚拟机执行到 Syscall 的时候，会抛出一个 SyscallException（定义在 Nachos/code/machine/machine.h 文件中）的异常，处理这个消息的代码如代码 17-7 所示。

代码　17-7

```
// Nachos/code/machine/mipssim.cc
void
Machine::OneInstruction(Instruction *instr)
{
    ...
    switch (instr->opCode) {
    ...
        case OP_SYSCALL:
        RaiseException(SyscallException, 0);
        return;
    ...
    }
}
```

Mips 代码中 Syscall 指令对应的机器码即为 OP_SYSCALL，因此，通过 OneInstruction 中的 switch 语句跳转后执行 "RaiseException(SyscallException, 0);" 语句。这个函数抛出一个异常 SyscallException，其处理过程见 Nachos/code/machine/machine.cc 中，如代码 17-8 所示。

代码   17-8

```
// Nachos/code/machine/machine.cc
void
Machine::RaiseException(ExceptionType which, int badVAddr)
{
    ...
    kernel->interrupt->setStatus(SystemMode);
    ExceptionHandler(which);      // interrupts are enabled at this point
    kernel->interrupt->setStatus(UserMode);
}
```

这部分代码中，通过语句"kernel->interrupt->setStatus(SystemMode);"进入内核态，调用函数"ExceptionHandler(which);"处理异常。执行结束后，通过"kernel->interrupt->setStatus(UserMode);"由内核态切换回用户态。其中"void ExceptionHandler(ExceptionType which);"是异常处理函数，它的定义在文件 Nachos/code/exception.cc 中，该部分的代码较多，在此我们分步讲解这段代码，如代码 17-9 至代码 17-11 所示。

代码   17-9

```
// Nachos/code/exception.cc part1
void
ExceptionHandler(ExceptionType which)
{
    int type = kernel->machine->ReadRegister(2);
    ...
```

该语句读入第二个寄存器中的数值，将该值赋值给变量 type，当前情况下，第二个寄存器存放的恰恰是 SC_Add。

代码   17-10

```
// Nachos/code/exception.cc part2
switch (which) {
    case SyscallException:
    switch(type) {
        ...
        case SC_Add:
        /* Process SysAdd Systemcall*/
        int result;
        result = SysAdd(/* int op1 */(int)kernel->machine->ReadRegister(4),
            /* int op2 */(int)kernel->machine->ReadRegister(5));

        kernel->machine->WriteRegister(2, (int)result);
```

该代码块中有两层嵌套的 switch 语句。首先，通过外层的 switch(which) 跳转到 SyscallExecption 处理语句块中；接着通过内层的 switch(type) 跳转到 SC_Add 的处理语句块中。接下来，从第 4 个寄存器和第 5 个寄存器中取出操作数，使用内核函数 SysAdd 执行相加操作，最后将计算结果写入第 2 个寄存器中（此处的 SysAdd 函数将在后面介绍）。

代码   17-11

```
// Nachos/code/userprog/exception.cc part3
{
```

```
        /* set previous programm counter (debugging only)*/
        kernel->machine->WriteRegister(PrevPCReg,
        kernel->machine->ReadRegister(PCReg));
            /* set programm counter to next instruction (all Instructions
            are 4 byte wide)*/
        kernel->machine->WriteRegister(PCReg,
    kernel->machine->ReadRegister(PCReg) + 4);

        /* set next programm counter for brach execution */
        kernel->machine->WriteRegister(NextPCReg,
    kernel->machine->ReadRegister(PCReg)+4);
        }
        return;
        ...
        }
    }
```

这部分代码的作用是将程序计数器（pc）指向下一条 MIPS 汇编指令。因此，接下来执行以下语句：

```
j    $31
.end Add
```

上述语句表示跳转会调用 Add 函数代码的下一句代码，并结束该函数（这部分代码的处理过程也能在 mipssim.cc 中找到，此处不再赘述）。此时，转回到之前的实例代码（即 Nachos/code/test/add.c）。

```
result=Add(42,23);
```

编译器此时会返回第二个寄存器的值，result 就得到了 Add 的结果。在上面的讲解过程中，为了保证连贯性，还没有讲解内核函数 SysAdd（位于 Nachos/code/exception.cc part2），这个函数位于源文件 NachOS/code/userprog/ksyscall.h 中，如代码 17-12 所示。

代码　17-12

```
// NachOS/code/userprog/ksyscall.h
int SysAdd(int op1, int op2)
{
    return op1 + op2;
}
```

至此，Add 系统调用的整个执行过程就结束了。下面 Halt 的系统调用实现流程与 Add 是类似的。

17.2 系统调用流程及相关源文件分析

Nachos 系统调用的流程较为简单，它涉及的文件包括：
- Add.cc　用户程序文件。
- syscall.h　系统调用头文件。
- start.s　汇编文件，它描述了整个系统调用的流程。
- mipssim.cc　MIPS 指令解析器。

- machine.cc   在系统调用中，它的作用是对用户态和内核态进行切换，并抛出异常。
- execption.cc   调用内核函数处理异常。

根据之前对 Add 系统调用实现流程的分析，在此将其执行过程简化为图 17-1。

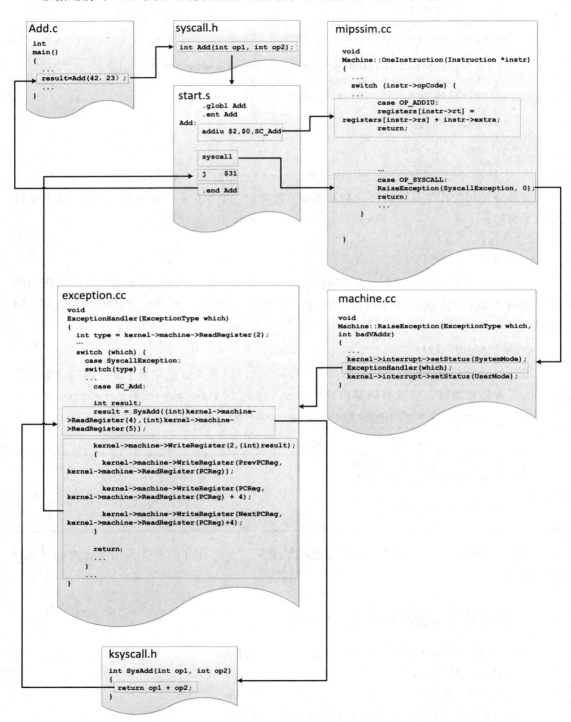

图 17-1　Add 系统调用实现流程图

综上所述，Nachos 系统调用实现的大致流程如下：

1）用户程序调用系统调用函数。

2）根据函数的系统调用函数的系统调用码来抛出一个系统调用异常（SyscallExecption）。

3）Nachos 虚拟机切换到内核态并调用相关的异常处理函数。

4）该异常处理函数执行系统调用函数所需要的执行工作，并返回结果。

练习

请读者参考 Add 函数，添加一个减法的系统调用函数。

```
int minus (int op1, int op2)
```

第 18 章
Nachos 的同步与互斥

同步与互斥是多线程的基础，Nachos 系统作为多线程的操作系统，也实现了一套同步与互斥机制。本章将着重讲解 Nachos 系统的同步与互斥的实现方法，并以同步磁盘为例分析该机制的实现过程。

18.1　同步与互斥机制

Nachos 系统下实现同步与互斥的主要机制包括：信号量（Semaphore）、锁（Lock）以及条件变量（Condition）。

18.2　信号量

Nachos 系统中的信号量在 synch.h 文件中定义，如代码 18-1 所示。

代码　18-1

```
// NachOS/code/threads/synch.h
class Semaphore {
    public:
        Semaphore(char* debugName, int initialValue); // 用初始值初始化信号量
        ~Semaphore();

        void P();                        // 信号量的 P 操作
        void V();                        // 信号量的 V 操作
...
    private:
        int value;                       // 信号量值
        List<Thread *> *queue;           // 线程等待队列
...
};
```

信号量类仅有的两个操作就是 P 操作和 V 操作，同时维护一个非负的信号量值 value 和一个线程的等待队列。

对于信号量，value 为 0 是一个阈值。当执行 P 操作的时候，首先检测 value 是否为 0，如果 value 为 0，则将当前线程放入线程等待队列，并设置为睡眠状态；如果 value 大于 0，则将 value 的值减 1。P 函数实现的源码如代码 18-2 所示。

代码　18-2

```
// NachOS/code/threads/synch.cc                    void Semaphore::P() 核心代码
Thread *currentThread = kernel->currentThread;
```

```
while (value == 0) {
    queue->Append(currentThread);
    currentThread->Sleep(FALSE);
}
value--;
```

在上述代码中，通过 while 循环来检测 value 是否大于 0 的原因是，当该线程被唤醒时，value 值可能仍然为 0。

V 操作首先检测线程等待队列中是否有等待的线程，如有等待的线程，则取出一个设置为就绪态，接着将 value 值加 1，如代码 18-3 所示。

代码　18-3

```
// NachOS/code/threads/synch.cc         void Semaphore::V() 核心代码
if (!queue->IsEmpty()) {
    kernel->scheduler->ReadyToRun(queue->RemoveFront());
}
value++;
```

18.3　锁

Nachos 中的锁是通过信号量来实现的，它定义在文件 synch.h 中，如代码 18-4 所示。

代码　18-4

```
// NachOS/code/threads/synch.h
class Lock {
    public:
        Lock(char* debugName);   // 初始化锁
        ~Lock();
...
        void Acquire();          // 获得锁
        void Release();          // 释放锁

        bool IsHeldByCurrentThread() {
            return lockHolder == kernel->currentThread; } //是否当前线程持有锁

    private:
...
        Thread *lockHolder;      // 当前持有锁的线程
        Semaphore *semaphore;
};
```

锁与信号量的不同之处在于，锁本身只有两个值，对应锁的两种状态。Nachos 系统中的锁实现是比较简单的，锁类中只有两个操作，分别是获得锁（Acquire）和释放锁（Release）。两个函数的实现如代码 18-5 所示。

代码　18-5

```
// NachOS/code/threads/synch.h          Lock 的 Acquire 和 Release 函数核心代码
void Lock::Acquire()
{
    semaphore->P();
```

```
        lockHolder = kernel->currentThread;
}
...
void Lock::Release()
{
    ASSERT(IsHeldByCurrentThread());
    lockHolder = NULL;
    semaphore->V();
}
```

之前介绍过，Nachos 的锁是通过信号量来实现的。在构造函数中会初始化一个信号量值
为 1 的信号量。锁的获得和释放则是通过该信号量的 P、V 操作来实现的，P 操作将信号量
值减 1，V 操作则将信号量值加 1。

18.4　条件变量

条件变量（Condition）通过等待条件和释放条件来达到控制线程阻塞、运行的目的。
Nachos 系统中的条件变量通常会与一个锁配合使用。Condition 类的描述如代码 18-6 所示。

代码　18-6

```
// NachOS/code/threads/synch.h
class Condition {
    public:
        Condition(char* debugName);
        ~Condition();
        char* getName() { return (name); }

        void Wait(Lock *conditionLock);        // 等待条件
        void Signal(Lock *conditionLock);      // 唤醒一个等待条件变量的线程
        void Broadcast(Lock *conditionLock);   // 唤醒所有等待条件变量的线程

    private:
...
        List<Semaphore *> *waitQueue;          // 等待线程队列
};
```

Wait 函数的主要作用是使当前线程阻塞，等待条件变量变为可用后被唤醒。它的核心实
现代码如代码 18-7 所示。

代码　18-7

```
// NachOS/code/threads/synch.h
void Condition::Wait(Lock* conditionLock)
{
    Semaphore *waiter;

    ASSERT(conditionLock->IsHeldByCurrentThread());

    waiter = new Semaphore("condition", 0);
    waitQueue->Append(waiter);
    conditionLock->Release();
    waiter->P();
```

```
    conditionLock->Acquire();
    delete waiter;
}
```

通常，在调用 Wait 函数的时候，会用一对锁操作来对其进行保护，确保包含 Wait 函数的代码段被互斥访问。但为了使当前线程调用 Wait 函数阻塞后，其他线程仍然能够访问该代码段，应将锁作为参数传递给 Wait 函数，使当前线程在阻塞的前一个操作中释放该锁。

在 Wait 函数中，首先为当前线程定义一个信号量，通过信号量将该线程加入等待队列中，并释放该锁；接下来，通过信号量的 P 操作使该线程进入睡眠状态；最后，等待被唤醒，重新获得该锁。

相比 Wait 函数，Signal 函数和 Broadcast 函数则是用于唤醒等待条件变量的线程。其实现比较简单，Signal 函数的核心代码如代码 18-8 所示。

代码　18-8

```
// NachOS/code/threads/synch.h                    Signal 核心代码
if (!waitQueue->IsEmpty()) {
    waiter = waitQueue->RemoveFront();
    waiter->V();
}
```

Signal 函数首先判断等待队列是否为空，接下来执行一个 V 操作来唤醒等待的线程，与 V 操作相对应的是 Wait 函数的 P 操作。而 Broadcast 函数则通过循环使用 Signal 函数的方式唤醒等待队列中的全部线程。

18.5　案例分析：同步磁盘的实现

在 Nachos 系统中，文件系统是建立在同步磁盘上的，同步磁盘使用同步与互斥机制来协调所有线程对磁盘的访问操作。它的定义在 NachOS/code/filesys/synchdisk.h 中。本节将对同步磁盘的实现做简单介绍。

同步磁盘的定义如代码 18-9 所示。

代码　18-9

```
// NachOS/code/filesys/synchdisk.h
class SynchDisk : public CallBackObj {
    public:
        SynchDisk();            // 初始化同步磁盘
        ~SynchDisk();

        void ReadSector(int sectorNumber, char* data);  /* 从 sectorNumber 指向的
                                          磁盘中读取数据到缓冲区 data 中 */
        void WriteSector(int sectorNumber, char* data);
        void CallBack();        // 当中断被触发的时候，唤醒一个对磁盘的读或写操作

    private:
        Disk *disk;
        Semaphore *semaphore;
        Lock *lock;
};
```

同步磁盘的实现是建立在 Nachos 虚拟机提供的磁盘（Disk）上的，该类继承于 CallBackObject，主要提供了 ReadSector 和 WriteSector 两个操作，分别完成读和写的功能。由于同一时间只能有一个线程对磁盘操作，因此用到了锁。

ReadSector 和 WriteSector 的实现如代码 18-10 所示。

代码　18-10

```
// NachOS/code/filesys/synchdisk.cc
void
SynchDisk::ReadSector(int sectorNumber, char* data)
{
    lock->Acquire();
    disk->ReadRequest(sectorNumber, data);
    semaphore->P();
    lock->Release();
}

void  SynchDisk::WriteSector(int sectorNumber, char* data)
{
    lock->Acquire();
    disk->WriteRequest(sectorNumber, data);
    semaphore->P();
    lock->Release();
}
```

读和写的操作类似，当线程发出一个磁盘读或写的请求时，首先对操作加锁，即保证同时只能有一个线程对磁盘操作。然后，发出磁盘读或写请求，并通过“semaphore->P()”将自己阻塞。

该类中还有一个 CallBack 函数，它覆盖了父类 CallBackObject 的同名虚函数。其中只有一个“semaphore->V()”操作，CallBack 函数在磁盘访问结束后，被磁盘中断调用，将阻塞线程唤醒。接下来，该线程执行解锁操作，该函数返回。

思考：semaphore 的初始值应该设置为多少？原因是什么？

第 19 章
Nachos 的线程调度

      Nachos 是一个多线程系统，它包含一套线程运行和调度的处理器机制。由于 Nachos 系统是运行在虚拟机上的，因此 Nachos 线程又分为两种，一种是系统线程，它使用的是宿主机的资源，用以支撑整个 Nachos 系统的运行；另一种是 Nachos 系统自身的用户线程。

      本章主要介绍 Nachos 的线程模块，包括线程及其操作的基本实现、Nachos 中线程的调度等。

19.1　线程的结构分析

      之前已经介绍过，Nachos 共有两类线程，分别为系统线程和用户线程。用户线程在系统线程的协助下进行创建，完成分配虚拟机的内存空间、保存相关的运行现场等工作。

      线程类为 Thread，它的源码文件为 NachOS/code/threads/thread.h，它的定义如代码 19-1 所示。

代码　19-1

```
// NachOS/code/threads/thread.h
class Thread {
    private:
        // NOTE: DO NOT CHANGE the order of these first two members
        // THEY MUST be in this position for SWITCH to work
        // 系统状态数据保存区
        int *stackTop;                            // 栈顶指针
        void *machineState[MachineStateSize];     // 保存宿主机上下文
    public:
        Thread(char* debugName);
        ~Thread();

        // 线程相关的基本操作如下
        void Fork(VoidFunctionPtr func, void *arg); // 为线程指派工作函数

        void Yield();                    // 如果有其他线程处于可执行状态,则放弃处理器
        void Sleep(bool finishing);      // 使线程处于睡眠状态,并让出处理器
        void Begin();                    // 启动一个线程
        void Finish();                   // 结束一个线程

        void CheckOverflow();                     // 检测线程栈是否溢出
        void setStatus(ThreadStatus st) { status = st; }   // 设置线程状态
        char* getName() { return (name); }        // 获取线程名字,调试时使用
        void Print() { cout << name; }            // 打印线程名字,调试时使用
        void SelfTest();                          // 测试多线程是否可用

    private:
        // some of the private data for this class is listed above
```

```
    int *stack;                  // 栈底指针
        // 如果是主线程，则使用宿主机提供的栈，因此对应的指针为 null
    ThreadStatus status;         // 线程状态
    char* name;                  // 线程名

    void StackAllocate(VoidFunctionPtr func, void *arg);
        // 为线程申请栈，并且初始化 machineState，为线程的第一次调入做好准备

    int userRegisters[NumTotalRegs];        // 用户程序的上下文（虚拟机的寄存器）
public:
    void SaveUserState();           // 将用户程序上下文保存到 userRegisters
    void RestoreUserState();        // 将 userRegisters 恢复到虚拟机寄存器中

    AddrSpace *space;                        // 用户程序的地址空间
};
```

1. 线程类中的相关变量

在源码中，Thread 的大多数变量都通过注释进行了说明，接下来我们对几个重要的变量进行详细介绍。

- machineState 与 userRegisters

machineState 是一个比较特殊的结构，它用来存放宿主机的上下文。之前已经提到过，系统线程参与竞争对宿主机资源（即 Ubuntu 系统资源）的使用，当一个线程被调入的时候，首先在这个结构中写入执行相关的信息，然后将其复制到宿主机相关寄存器中。

相比于 machineState，userRegisters 用于存放虚拟机自己的寄存器，供用户线程使用。

- stackTop 与 stack

Thread 类定义了两个关于栈的指针，分别指向栈顶和栈底。指向栈顶的指针 stackTop 用来控制栈的读和写操作；stack 则用来指向整个栈，完成删除栈之类的操作。

- status

线程共有三种状态：就绪、运行或者阻塞。status 变量用来指示当前线程处于哪种状态。

2. 线程中相关操作

Nachos 为线程定义了以下几种操作，接下来对其源码进行分析。

（1）Fork 函数

该函数为线程指派工作函数（func），并传递参数（arg），如代码 19-2 所示。

代码　19-2

```
// NachOS/code/threads/thread.cc
void
Thread::Fork(VoidFunctionPtr func, void *arg)
{
...
    StackAllocate(func, arg);                 // 初始化 func 函数栈以及系统的寄存器
    oldLevel = interrupt->SetLevel(IntOff);   // 保存中断状态并关中断
    scheduler->ReadyToRun(this);              // 将线程设置为就绪态
    (void) interrupt->SetLevel(oldLevel);
}
```

Fork 函数主要完成以下几个功能。

首先，通过 StackAllocate 函数（后面将会介绍到）为线程申请并初始化栈空间。

然后，通过 scheduler->ReadyToRun(this) 将本线程放入就绪队列中。

这个函数在执行过程中，会通过 interrupt->SetLevel(IntOff) 关闭中断，并保存中断状态，将线程设置为就绪之后，再将中断状态还原，以防止 scheduler->ReadyToRun(this) 的执行过程中被中断。

（2）Begin

该函数用于销毁前一个线程，并开启中断，如代码 19-3 所示。

代码　19-3

```
// NachOS/code/threads/thread.cc
void
Thread::Begin ()
{
    ...
    kernel->scheduler->CheckToBeDestroyed();    // 检测是否存在需要销毁的进程
                                                // 若有，就销毁
        kernel->interrupt->Enable();            // 开中断
    }
```

这个函数的主要工作是通过 CheckToBeDestroyed 来检测是否有需要销毁的线程，如果有则自行销毁，然后将中断设置为开启。

（3）Finish

该函数关闭中断，等待系统销毁，如代码 19-4 所示。

代码　19-4

```
// NachOS/code/threads/thread.cc
void
Thread::Finish ()
{
    (void) kernel->interrupt->SetLevel(IntOff);         // 关闭中断
    ...
    Sleep(TRUE);            // 通过参数 TRUE 调用 sleep 阻塞线程，等待销毁
    // not reached
}
```

（4）Sleep 函数

该函数阻塞该线程，并接受一个用来表示线程是否结束的参数，如代码 19-5 所示。

代码　19-5

```
// NachOS/code/threads/thread.cc
void
Thread::Sleep (bool finishing)
{
    ...
    status = BLOCKED;                           // 将线程状态设置为阻塞态
    while ((nextThread = kernel->scheduler->FindNextToRun()) == NULL)
    kernel->interrupt->Idle();                  // 无线程处于就绪态，系统空转
    kernel->scheduler->Run(nextThread, finishing);// 系统调度下一个就绪态线程
}
```

（5）Yield

该函数主动放弃处理器，如代码 19-6 所示。

代码　19-6

```
// NachOS/code/threads/thread.cc
void
Thread::Yield ()
{
    Thread *nextThread;
    IntStatus oldLevel = kernel->interrupt->SetLevel(IntOff);
        // 保存内核状态
    ...
    nextThread = kernel->scheduler->FindNextToRun();
    if (nextThread != NULL) {
    // 切换到第一个就绪线程，如果没有其他线程就绪，则继续执行本线程
        kernel->scheduler->ReadyToRun(this);
        kernel->scheduler->Run(nextThread, FALSE);
    }
    (void) kernel->interrupt->SetLevel(oldLevel);
}
```

该函数首先判断就绪队列中是否有就绪线程等待，如果有，则将本线程设置为就绪态并放入就绪队列中，然后从就绪队列中取出第一个就绪线程；如果没有就绪线程，则该函数直接返回，不做任何操作。

（6）StackAllocate 函数

该函数为线程申请栈空间，并做好运行线程的准备，如代码 19-7 所示。

代码　19-7

```
// NachOS/code/threads/thread.cc
void
Thread::StackAllocate (VoidFunctionPtr func, void *arg)
{
        // 为 func 函数分配栈
    stack = (int *) AllocBoundedArray(StackSize * sizeof(int));
    ...
        // 配置栈
    stackTop = stack + StackSize - 4;
    *(--stackTop) = (int) ThreadRoot;
    *stack = STACK_FENCEPOST;

    ...
        // 为线程第一次执行初始化系统寄存器
    machineState[PCState] = (void*)ThreadRoot;
    machineState[StartupPCState] = (void*)ThreadBegin;
    machineState[InitialPCState] = (void*)func;
    machineState[InitialArgState] = (void*)arg;
    machineState[WhenDonePCState] = (void*)ThreadFinish;
}
```

（7）ThreadRoot 函数

该函数在 NachOS/code/threads/swithc.s 中实现，使用的是 AT&T 格式的 x86 汇编语言，ThreadRoot 为每个线程的入口（Nachos 系统的 main 函数除外）。

19.2 线程调度类分析

Nachos 系统中的线程调度通过 Scheduler 类来实现，如代码 19-8 所示。

代码 19-8

```
// NachOS/code/threads/scheduler.h
class Scheduler {
    public:
        Scheduler();
        ~Scheduler();

        void ReadyToRun(Thread* thread);
            // 将线程状态设置为就绪态，并加入就绪队列中等待调度
        Thread* FindNextToRun();
            // 取出就绪队列中的第一个线程，如果就绪队列为空，则返回 null
        void Run(Thread* nextThread, bool finishing);
            // 执行 nextThread 指向的线程，finishing 指示调用 Run 函数的当前线程是否结束
        void CheckToBeDestroyed();       // 如果 Destroyed 指针指向线程内容，则将其删除
        void Print();                    // Debug

    private:
        List<Thread *> *readyList;       // 线程的就绪队列
        Thread *toBeDestroyed;           // 指向待销毁的线程
};
```

Scheduler 类维护了一个线程就绪队列 readyList，类中还有一个变量 toBeDestroyed，它指向即将销毁的线程。

Scheduler 类中定义了一组线程以及线程就绪队列的操作方法，如下所示。

（1）void ReadyToRun (Thread *thread)

该函数的参数为线程的指针，它主要完成两个工作：①将参数 thread 指向的线程设置为就绪态；②将这个线程加入就绪队列中，等待被调度。

（2）Thread* FindNextToRun();

该函数从就绪队列中取出第一个就绪的线程并返回。

（3）void CheckToBeDestroyed();

检查 checkToBeDestroy 是否为空，若不为空，则将其指向的线程删除。

（4）void Run(Thread* nextThread, bool finishing);

第一个参数 nextThread 用来指示将要执行的线程指针；第二个参数 finishing 用来指示调用 Run 函数的当前线程是否马上结束，以此决定这个线程是否被销毁。Run 函数的源码如代码 19-9 所示。

代码 19-9

```
// NachOS/code/threads/scheduler.cc
void
Scheduler::Run (Thread *nextThread, bool finishing)
{
    Thread *oldThread = kernel->currentThread; // 将当前线程设置为旧线程
    ASSERT(kernel->interrupt->getLevel() == IntOff);
    if (finishing) {
    // 如果旧线程已经结束，将线程销毁指针指向旧线程
```

```
            ASSERT(toBeDestroyed == NULL);
    toBeDestroyed = oldThread;          }

    if (oldThread->space != NULL) {           // 如果旧线程包含用户线程
        oldThread->SaveUserState();           // 保存用户线程状态
    oldThread->space->SaveState();
    }

    oldThread->CheckOverflow();               // 检查旧线程有没有堆栈溢出

    kernel->currentThread = nextThread;       // 当前线程指向新线程
    nextThread->setStatus(RUNNING);           // 设置新线程的状态为运行态

    DEBUG(dbgThread, "Switching from: " << oldThread->getName() << " to: " <<
        nextThread->getName());


    SWITCH(oldThread, nextThread);            // 切换线程

    ASSERT(kernel->interrupt->getLevel() == IntOff);

    DEBUG(dbgThread, "Now in thread: " << oldThread->getName());

    CheckToBeDestroyed();                     // 检测销毁线程

    if (oldThread->space != NULL) {           // 恢复用户状态
        oldThread->RestoreUserState();
    oldThread->space->RestoreState();
    }
}
```

　　这个函数完成了新旧线程的切换，在这里我们将最开始调用 Run 函数的线程称为旧线程，后来切换的线程（nextThread 指向的线程）称为新线程。从代码 19-9 中可以看出，如果参数 finishing 的值为 true，则会将 toBeDestroyed 指向旧线程，旧线程等待被销毁（在后文提到的 CheckToBeDestroyed 函数中销毁）。

　　在该函数中，新旧线程切换的一个转变点就是 SWITCH 函数。SWITCH 是由 AT&T 格式的 x86 汇编语言实现的。在该函数执行之前，宿主机的上下文是旧线程控制的寄存器以及堆栈信息；在该函数执行之后，宿主机的上下文将切换为新线程，并将 oldThread 指向原先的线程。需要注意的是，此处必须通过 SWITCH 函数来改变 oldThread 指向的线程，不能直接通过赋值的方法来改变。读者可以思考一下原因是什么。

19.3　线程调度作业

　　在 Nachos 的线程调度算法中，使用的是先来先服务（FCFS）算法，它在 FindNextToRun 函数中实现，函数的源码如代码 19-10 所示。

代码　19-10

```
// NachOS/code/threads/scheduler.cc
Thread *
```

```
Scheduler::FindNextToRun ()
{
    ASSERT(kernel->interrupt->getLevel() == IntOff);

    if (readyList->IsEmpty()) {
    return NULL;
    } else {
    return readyList->RemoveFront();
    }
}
```

19.4　测试结果

修改好程序之后，参考 16.4 节中的内容重新编译 Nachos，并使用命令 ./Nachos –K 来单独运行线程模块，未修改代码时的运行结果如图 19-1 所示。

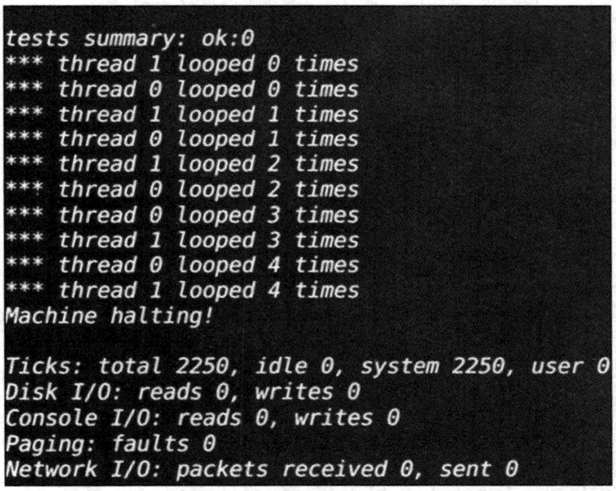

```
tests summary: ok:0
*** thread 1 looped 0 times
*** thread 0 looped 0 times
*** thread 1 looped 1 times
*** thread 0 looped 1 times
*** thread 1 looped 2 times
*** thread 0 looped 2 times
*** thread 0 looped 3 times
*** thread 1 looped 3 times
*** thread 0 looped 4 times
*** thread 1 looped 4 times
Machine halting!

Ticks: total 2250, idle 0, system 2250, user 0
Disk I/O: reads 0, writes 0
Console I/O: reads 0, writes 0
Paging: faults 0
Network I/O: packets received 0, sent 0
```

图 19-1　线程模块运行结果

练习

修改调度算法，在作业调度以及线程定义相关文件中添加相应的函数和变量来实现高优先级优先调度算法以及高响应比优先调度算法，并重新编译，查看运行结果。

第 20 章
Nachos 文件系统

文件系统是操作系统中用于管理文件和对文件进行存取的子系统,它规定了文件在物理硬盘上的存储方式,是系统用户与物理硬盘之间的媒介。在文件系统的帮助下,用户以操作文件的方式来对信息进行存取和处理,无须考虑硬盘空间分配等烦琐的工作。

Nachos 文件系统是工作在 Nachos 虚拟机模拟的同步磁盘上的,我们在同步与互斥的分析中已经介绍过同步磁盘,本章将主要介绍 Nachos 文件系统的实现。

20.1　Nachos 文件系统的相关源码

Nachos 文件系统的相关源码文件位于 NachOS/code/filesys 文件夹下。以下对这些文件和相关的类做简要介绍。

- filesys.h、filesys.cc:定义了文件系统类 FileSystem,实现了文件系统中的几个基本操作。
- openfile.h、openfile.cc:定义了 OpenFile 类,相当于文件标识符,用于在 Nachos 系统中标识一个文件。用户对文件的操作实际上都通过 OpenFile 来进行。
- pbitmap.h、pbitmap.cc:定义了 PersistentBitmap 类,该类继承了 Bitmap 类(该类的定义见 NachOS/code/lib/bitmap.h)。在 Nachos 文件系统中,通过一个 PersistentBitmap 文件来存放磁盘块的占用情况。
- filehdr.h、filehdr.cc:定义了文件头类 FileHeader,该类主要用来记录文件的基本信息,包括文件对磁盘块的使用情况。
- directory.h、directory.cc:定义了两个类 DirectoryEntry 和 Directory。DirectoryEntry 是目录项,用来记录文件名以及该文件所处的硬盘位置;Directory 类用来定义目录。

下面将主要描述 Nachos 中文件系统的实现方法。

20.2　Nachos 的文件系统类

在介绍 FileSystem 类之前,首先介绍一下 Nachos 文件系统对虚拟磁盘的使用,如图 20-1 所示。

分块后的磁盘

0	1	2	—	……

第 0 块:存放位图文件(位视图)
第 1 块:存放根目录文件

图 20-1　Nachos 文件系统的磁盘分块

Nachos 使用的虚拟磁盘被分为单个大小为 128 字节的磁盘块（磁盘块的定义见文件 NachOS/code/machine/disk.cc）。其中，第 0 块用来存放位视图（Bitmap），第 1 块用来存放根目录文件。位视图是一个特殊的文件，它用来记录磁盘中块的使用情况。

FileSystem 类是 Nachos 文件系统中最重要的类，它定义了文件系统的基本操作。FileSystem 定义在文件 NachOS/code/filesys/filesys.h 中，该文件定义了两个 FileSystem 类：第一个是 FileSystem 类（#ifdef FILESYS_STUB 之下的），它使用宿主机的相关 API 进行实现；第二个是 FileSystem 类，它是在同步磁盘上实现的。本节主要针对第二个 FileSystem 类进行分析。FileSystem 的主要源码如代码 20-1 所示。

代码　20-1

```
// NachOS/code/filesys/filesys.h
class FileSystem {
    public:
        FileSystem(bool format);                      // 初始化文件系统
               // 根据参数来判断创建文件系统时是否需要对磁盘进行格式化
        bool Create(char *name, int initialSize);     // 创建一个文件
        OpenFile* Open(char *name);                   // 打开一个文件
        bool Remove(char *name);                      // 删除一个文件

    ...
    private:
        OpenFile* freeMapFile;                        // 保存磁盘块使用情况的文件
        OpenFile* directoryFile;                      // 保存根目录的文件
};
```

如代码 20-1 所示，Nachos 文件系统定义了文件系统的初始化以及文件的创建（Create）、打开（Open）和删除（Remove）等操作。同时，对于位视图以及根目录定义了相应的文件（freeMapFile、directoryFile）。

1. 初始化文件系统

如代码 20-2 所示，如果初始化文件系统时无须格式化磁盘，则只需要打开相应的位视图和根目录文件即可。

代码　20-2

```
// NachOS/code/filesys/filesys.cc
if (format) {
...
}else{
    freeMapFile = new OpenFile(FreeMapSector);
    directoryFile = new OpenFile(DirectorySector);
}
```

其中，FreeMapSector 和 DirectorySector 是通过宏定义的常量，值分别为 0 和 1，用来标识位视图文件和根目录文件在虚拟磁盘中的位置。

如果在文件系统初始化过程中需要格式化磁盘，则要完成一系列位视图文件和目录文件的初始化工作，如代码 20-3 所示。

代码　20-3

```
// NachOS/code/filesys/filesys.cc
```

```
if (format) {
    // 步骤 1
    // 定义位视图、目录以及相应的文件头
    PersistentBitmap *freeMap = new PersistentBitmap(NumSectors);
    Directory *directory = new Directory(NumDirEntries);
    FileHeader *mapHdr = new FileHeader;
    FileHeader *dirHdr = new FileHeader;

    // 将第 0 块和第 1 块标识为已使用
    freeMap->Mark(FreeMapSector);
    freeMap->Mark(DirectorySector);

    // 步骤 2
    // 为位视图和根目录文件计算并分配空间
    ASSERT(mapHdr->Allocate(freeMap, FreeMapFileSize));
    ASSERT(dirHdr->Allocate(freeMap, DirectoryFileSize));

    // 步骤 3
    // 将位视图和根目录文件的文件头写入相应的磁盘中
    mapHdr->WriteBack(FreeMapSector);
    dirHdr->WriteBack(DirectorySector);

    // 步骤 4
    // 根据已经写入磁盘的文件头信息创建位视图文件以及根目录文件，并将这两个文件写入磁盘中
    freeMapFile = new OpenFile(FreeMapSector);
    directoryFile = new OpenFile(DirectorySector);

    freeMap->WriteBack(freeMapFile);
    directory->WriteBack(directoryFile);
} else {
...
}
```

主要步骤如下：

步骤 1：定义位视图文件、根目录文件及其文件头，并在定义的位视图对象中，将前两个磁盘块标记为已使用。执行这个操作的原因是位视图文件和根目录文件存放在这两个块中。

步骤 2：为位视图文件和根目录文件分配空间。这项操作是必须完成的，因为未分配好位视图和根目录的文件系统是不能使用的，因此源码中使用了断言，分配失败（通常是因为磁盘容量不够）则直接退出，系统启动失败。

步骤 3：将位视图和根目录文件的文件头写入磁盘中。

步骤 4：根据文件头创建相应的位视图文件和根目录文件，并写入磁盘中。

2. 创建文件

创建文件是通过 Create 函数来实现的，源码如代码 20-4 所示。

代码　20-4

```
// NachOS/code/filesys/filesys.cc
bool FileSystem::Create(char *name, int initialSize)
{
    Directory *directory;
```

```
        PersistentBitmap *freeMap;
        FileHeader *hdr;
        int sector;
        bool success;

        directory = new Directory(NumDirEntries);
        directory->FetchFrom(directoryFile);        // 获取根目录

        if (directory->Find(name) != -1)            // 判断以 name 命名的文件是否存在
            success = FALSE;
        else {
            freeMap = new PersistentBitmap(freeMapFile,NumSectors);
            sector = freeMap->FindAndSet();          // 查找还有空间的块
            if (sector == -1)                        // 判断是否还有空间存放文件头
                success = FALSE;
            else if (!directory->Add(name, sector))// 判断是否还有空间存放新目录项
                success = FALSE;
            else {
                hdr = new FileHeader;
                    if (!hdr->Allocate(freeMap, initialSize))
                            /* 判断是否还有空间存放文件数据 */
                    success = FALSE;
                    else {
                        success = TRUE;
                        hdr->WriteBack(sector);             // 将文件头写入磁盘
                        directory->WriteBack(directoryFile);  // 更新根目录文件
                        freeMap->WriteBack(freeMapFile);     // 更新位视图文件
                    }
                    delete hdr;
            }
                delete freeMap;
         }
        delete directory;
        return success;
    }
```

创建文件的代码比较清晰，需要注意的是，Nachos 系统在创建文件时，大多数操作是在内存中完成的。在确定所有操作都可行后，再将要创建的文件、更新后的位视图以及根目录项写入磁盘。

3. 打开和删除文件

打开文件是通过 Open 函数实现的，Open 函数的定义如下。

```
OpenFile * FileSystem::Open(char *name);
```

打开文件的过程如下：首先获得根目录的内容，然后在其中查找是否存在以 name 为文件名的文件，如果存在则打开，返回该文件的 OpenFile 指针。

删除文件是通过 Remove 函数实现的，Remove 函数的定义如下。

```
bool FileSystem::Remove(char *name);
```

删除文件的过程如下：首先获得根目录内容，查找以 name 为文件名的文件；然后，获得磁盘的位视图，设置该文件在位视图中的内容，将该文件原先占用的磁盘块设置为未使

用；接着，将目录文件中该文件的名字删除（注意，以上操作仍然是在内存中实现的）；最后，将新的位视图和文件目录写入磁盘中。

请读者参考源代码来理解上述内容。

20.3   其他的文件系统相关类

协助完成文件系统操作的类还有很多，在此只对几个主要方法加以介绍，请读者参考相应源代码，理解其功能的实现方法。

1. 文件头类

在 Nachos 系统中，使用文件头类（FileHeader）来存储文件的属性信息，如文件的长度、如何在磁盘上找到全部文件数据等。文件头最终会存储在磁盘上，而且每个文件头的大小是一致的，它占用一个单独的磁盘块，如代码 20-5 所示。

代码   20-5

```
NachOS/code/filesys/filehdr.h
class FileHeader {
    public:
        bool Allocate(PersistentBitmap *bitMap, int fileSize);
               /* 初始化文件头，并根据文件大小申请空间 */
        void Deallocate(PersistentBitmap *bitMap);        // 释放文件数据占用的空间

        void FetchFrom(int sectorNumber);                 // 从磁盘中取出文件头数据
        void WriteBack(int sectorNumber);                 // 将文件头写回磁盘中
        int ByteToSector(int offset);     // 将逻辑地址转换为磁盘的物理地址

        int FileLength();                                 // 获得文件的长度

    private:
        int numBytes;                     // 文件的长度（用字节来计算）
        int numSectors;                   // 文件占用的磁盘块数
        int dataSectors[NumDirect];       // 文件在磁盘中的存放情况（放在哪些磁盘块中）
};
```

2. 打开文件类

每打开一个文件，系统都会返回一个打开文件类的对象，该对象定义了一组对已打开文件的操作，如代码 20-6 所示。

代码   20-6

```
// NachOS/code/filesys/openfile.h
class OpenFile {
    public:
        OpenFile(int sector);                // 打开一个文件头存放在 sector 位置的文件
        ~OpenFile();
        void Seek(int position);             // 将文件指针移到指定的位置
        int Read(char *into, int numBytes);
        /* 从文件中读取 numBytes 字节的数据到缓冲区 into 中，返回实际读取的字节数，并将文件指针移
            动到这一次读完的位置 */
```

```
    int Write(char *from, int numBytes);   /* 从缓冲区 from 中写 numBytes
                                              字节的数据到文件中 */
    int ReadAt(char *into, int numBytes, int position);
                          // 将从 position 开始的 numBytes 字节数据写入缓冲区 into 中
    int WriteAt(char *from, int numBytes, int position);
                  // 将从 from 中读到的 numBytes 字节的数据写入从 position 开始的区域
    int Length();              // 返回文件长度

    private:
    FileHeader *hdr;          // 文件头
    int seekPosition;         // 当前的文件指针
};
```

3. 目录类

Nachos 文件系统中只有一个根目录，且根目录的长度固定为 10（在 filesys.cc 文件中定义）。在文件 NachOS/code/filesys/directory.h 中定义了两个类，分别是目录项和目录类。

目录项表示目录中的一个文件，它包含的信息包括文件的名字以及文件头在磁盘上的位置。目录类定义了一个目录项的数组，用来指代该目录下的文件，并定义了一组相关方法。目录项及目录类的定义如代码 20-7 所示。

代码 20-7

```
// NachOS/code/filesys/directory.h
// 目录项
class DirectoryEntry {
    public:
        bool inUse;                    // 该目录项是否已经被使用
        int sector;                    // 该目录项指代的文件的文件头所在的磁盘位置
        char name[FileNameMaxLen + 1]; // 该目录项指代的文件名
};

// 目录
class Directory {
    public:
        Directory(int size);           // 初始化目录，该目录下最多有 size 个目录项
        ~Directory();
        void FetchFrom(OpenFile *file); // 从目录文件中读入目录结构
        void WriteBack(OpenFile *file); // 将目录写入目录文件中
        int Find(char *name);          // 查找名字为 name 的文件，返回其文件头所在的磁盘块
        bool Add(char *name, int newSector);  // 将名为 name 的文件加入目录中
        bool Remove(char *name);       // 删除名为 name 的文件
        void List();                   // 列出目录下的所有文件名
    private:
        int tableSize;                 // 目录项的个数
        DirectoryEntry *table;         // 目录项数组

        int FindIndex(char *name);              // 找到名为 name 的目录项的索引
};
```

4. 位视图类

Nachos 使用位视图类来标记磁盘块的使用情况。位视图类会记录磁盘上所有块是否被使用。位视图类定义如代码 20-8 所示。

代码   20-8

```
// NachOS/code/filesys/ pbitmap.h
class PersistentBitmap : public Bitmap {
    public:
        PersistentBitmap(OpenFile *file,int numItems);
                                        // 根据磁盘上存储的信息初始化位视图类
        PersistentBitmap(int numItems); // 根据位视图类大小初始化位视图类

        ~PersistentBitmap();

        void FetchFrom(OpenFile *file);  // 从磁盘上的相关位置读取位视图类
        void WriteBack(OpenFile *file);  // 将位视图类写入磁盘相关位置
};
```

PersistentBitmap 继承了 Bitmap 类，Bitmap 类定义在文件 NachOS/code/lib/bitmap.h 中，
如代码 20-9 所示。

代码   20-9

```
// NachOS/code/filesys/ pbitmap.h
class Bitmap {
    public:
        Bitmap(int numItems);             // 初始化位视图
        ~Bitmap();

        void Mark(int which);             // 标识第 which 位被占用
        void Clear(int which);            // 清除第 which 位的占用状态
        bool Test(int which) const;       // 测试第 which 位是否被占用
        int FindAndSet();           // 找到当前位视图中第一个没有被使用的位并标记为占用
        int NumClear() const;             // 返回没有被占用的位数


    protected:
        int numBits;                      // 位视图的大小（以位为单位）
        int numWords;
        unsigned int *map;                // 临时存储磁盘上位的占用状态
};
```

参考文献

[1] 陈莉君，康华. Linux 操作系统原理与应用 [M]. 2 版. 北京：清华大学出版社，2012.

[2] Tanenbaum S，Bos Herbert. 现代操作系统（原书第 4 版）[M]. 陈向群，等译. 北京：机械工业出版社，2017.

[3] 邱铁，周玉，邓莹莹. Linux 内核 API 完全参考手册 [M]. 北京：机械工业出版社，2011.

[4] 刘循，朱敏，文艺. 计算机操作系统 [M]. 北京：人民邮电出版社，2009.

[5] 孟庆昌，张志华. 操作系统原理 [M]. 2 版. 北京：机械工业出版社，2017.

[6] 刘宏哲. 高级操作系统实验指导 [M]. 北京：电子工业出版社，2017.

[7] 陈良银，游洪跃，李旭伟. C 语言程序设计 [M]. 北京：清华大学出版社，2006.

[8] 于世东. 操作系统原理习题与实验指导 [M]. 北京：清华大学出版社，2017.

[9] 梁红兵.《计算机操作系统（第四版）》学习指导与题解 [M]. 西安：西安电子科技大学出版社，2019.

推荐阅读

操作系统概念（原书第9版）

书号：978-7-111-60436-5　作者：Abraham Silberschatz等　定价：99.00元

　　本书是操作系统领域的"圣经"，从第1版至今全程记录了操作系统的发展历史，被国内外众多高校选作教材。第9版延续了之前版本的优点并进行了全面更新：理论讲解采用简洁、直观的方式来呈现重要的研究结果，不展开复杂的形式化证明；案例分析涵盖Linux、Windows、Mac OS X、Android、iOS等各大主流系统；代码部分要求读者对C或Java语言有一定的了解；教辅资源同步升级，包括习题、编程题、推荐读物、源代码和PPT等（请访问www.hzbook.com查看和下载）。

重点更新

- ·新增关于多核系统和移动计算的内容。
- ·针对移动设备的大量普及，新增了相关的操作系统、用户界面和内存管理等内容。
- ·针对大容量存储的发展，新增了固态硬盘等内容。
- ·更新了进程、线程、同步、内存管理、文件系统、I/O系统、Linux系统等方面的新技术。
- ·在编程环境方面，同时考虑POSIX、Java和Windows系统。
- ·更新了大量习题和编程项目。

作者简介

　　亚伯拉罕·西尔伯沙茨（Abraham Silberschatz）著名计算机科学家，ACM、IEEE和AAAS会士。现任耶鲁大学计算机科学系教授，之前曾任贝尔实验室信息科学研究中心副主管。除本书外，他还是知名教材《数据库系统概念》的作者之一。

计算机系统：系统架构与操作系统的高度集成

作者：Umakishore Ramachandran 译者：陈文光
ISBN：978-7-111-50636-2　定价：99.00元

计算机组成与设计：硬件/软件接口（原书第5版·ARM版）

作者：David A. Patterson),John L. Hennessy　译者：陈微
ISBN：978-7-111-60894-3　定价：139.00元

计算机组成与设计：硬件/软件接口（原书第5版）

作者：David A. Patterson,John L. Hennessy　译者：王党辉 康继昌 安建峰　等
ISBN：978-7-111-50482-5　定价：99.00元

计算机组成与设计：硬件/软件接口（原书第5版·RISC-V版）

作者：David A.Patterson, John L.Hennessy　译者：易江芳 刘先华 等
ISBN：978-7-111-65214-4　定价：169.00元

智能计算系统

作者：陈云霁 李玲 李威 郭崎 杜子东 ISBN：978-7-111-64623-5 定价：79.00元

现代操作系统：原理与实现

作者：陈海波 夏虞斌 等 ISBN：978-7-111-66607-3 定价：79.00元